中国电网工程技术发展报告 2024

电力规划设计总院◎编著

人民日报出版社

北 京

图书在版编目（CIP）数据

中国电网工程技术发展报告．2024 / 电力规划设计
总院编著．-- 北京：人民日报出版社，2024.11.
ISBN 978-7-5115-8545-5

Ⅰ．TM727

中国国家版本馆 CIP 数据核字第 2024HT5945 号

书　　名：中国电网工程技术发展报告．2024
　　　　　ZHONGGUO DIANWANGGONGCHENGJISHU FAZHANBAOGAO.2024

作　　者：电力规划设计总院

出 版 人：刘华新
责任编辑：周海燕
封面设计：元泰书装

出版发行：人民日报出版社
社　　址：北京金台西路 2 号
邮政编码：100733
发行热线：（010）65369509　65369527　65369846　65363528
邮购热线：（010）65369530　65363527
编辑热线：（010）65369518
网　　址：www.peopledailypress.com
经　　销：新华书店
印　　刷：三河市嘉科万达彩色印刷有限公司
法律顾问：北京科宇律师事务所　（010）83622312

开　　本：889mm×1194mm　1/16
字　　数：220 千字
印　　张：11.5
版　　次：2024 年 11 月第 1 版
印　　次：2024 年 11 月第 1 次印刷

书　　号：978-7-5115-8545-5
定　　价：179.00 元

编委会

前　言

2023 年，是全面贯彻党的二十大精神的开局之年，是三年新冠疫情防控转段后经济恢复发展的一年。我国能源电力行业深入贯彻落实习近平总书记重要指示批示和党的二十大精神，全面践行"四个革命、一个合作"能源安全新战略，统筹高质量发展和高水平安全，培育能源电力领域新质生产力，加快构建新型电力系统，助推新型能源体系建设，为实现"双碳"目标、保障能源安全提供有力支撑。

2023 年，面对复杂严峻的国际环境和艰巨繁重的国内改革发展任务，我国电网行业稳步向前，围绕清洁能源开发及大规模新能源输送，大力实施创新驱动发展战略，在电网工程技术领域取得了一系列重要突破。建成了包括驻马店－武汉、福州－厦门 1000kV 特高压交流输变电工程和杭州柔性低频输电示范工程等在内的一大批重大电网工程项目，扎实做好跨省跨区输电通道和"沙戈荒"大型风光基地方案的研究论证和建设工作，持续加强电网规划设计、建设、运维检修等全过程绿色低碳技术研发，大力推动以输送新能源为主的特高压输电、分布式智能电网等技术装备研制，全面推进数字化转型，持续深化对外合作，为破解资源紧张、促进能源转型、加快清洁低碳和绿色发展发挥了重要的支撑保障作用。

电力规划设计总院以"能源智囊、国家智库"为发展愿景，以建设"世界一流能源智库和国际咨询公司"为战略定位，竭诚为政府、行业和社会提供科学求实、客观公正的服务。《中国电网工程技术发展报告 2024》（简称《报告》）是电力规划设计总院连续第四年编写的系列智库成果之一，共分 6 个篇章，从电网工程新技术、新设备、新材料、工程建设标准等多个方面对 2023 年我国电网工程技术领域所取得的进展和成就进行全面梳理、综合分析；筛选出若干典型工程案例，从设计、施工等方面展示了具有特色的创新成果；归纳总结了近期电网工程建设领域的相关重要政策；以专题文章形式深入剖析了当前电网工程热点问题。在编写方式上，《报告》力求以客观准确的统计数字为支撑，以简练的文字进行叙述，辅以图形图表，做到图文并茂、直观形象，旨在方便阅读、利于查检、凝聚焦点、突出重点。

《报告》在编写过程中，得到了能源主管部门、相关企业、机构和行业知名专家的大力支持和指导，在此谨致衷心的谢意。《报告》疏漏之处，恳请读者批评指正。

《中国电网工程技术发展报告 2024》编写组
2024 年 9 月

目 录
CONTENTS

第 3 章 电网工程新设备与新材料

第4章　电网工程创新案例

第 5 章　电网工程建设标准

第 6 章　政策要点与观点汇编

第 **1** 章

电网发展概述

1.1　建设规模

1.1.1　电源装机

截止到 2023 年底，全国全口径发电装机容量约 29.2 亿 kW，同比增长 13.9%，其中太阳能和风电并网装机容量分别达到 6.1 亿 kW 和 4.4 亿 kW，同比增长分别为 55.2% 和 20.7%。

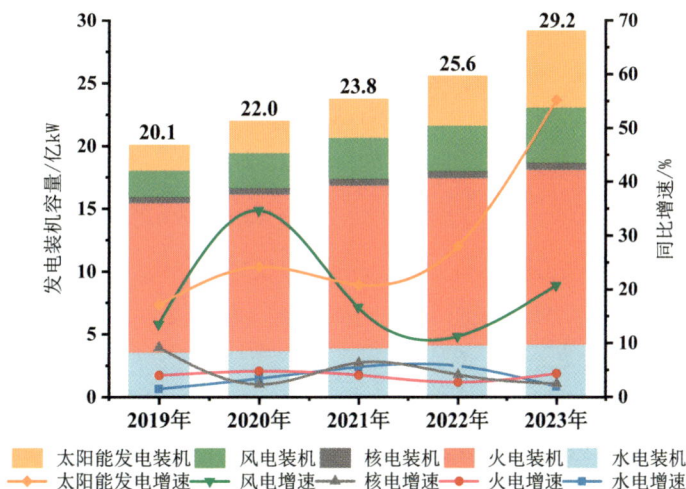

2019—2023 年全国发电装机容量及增速

（数据来源：全国电力工业统计快报）

1.1.2　输电网

（1）输电线路

截止到 2023 年底，全国 220kV 及以上输电线路长度 92.0 万 km，其中：交流线路 86.6 万 km，同比增长 4.9%；直流线路 5.4 万 km，与 2022 年持平。

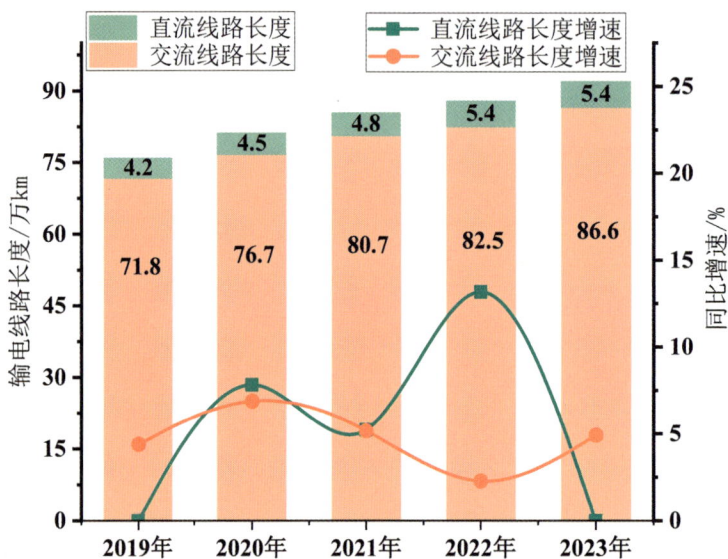

2019—2023 年全国输电线路总长度及增速

（数据来源：全国电力工业统计快报）

从交流线路看，220kV、330kV、500kV、750kV 和 1000kV 各电压等级线路回路长度分别达到
55.15 万 km、3.76 万 km、23.04 万 km、2.92 万 km 和 1.72 万 km，同比增长分别为 5.1%、1.6%、5.2%、
3.6% 和 6.6%。从增量看，220kV、330kV、500kV、750kV 和 1000kV 各电压等级线路新增回路长度分
别为 2.52 万 km、0.10 万 km、1.08 万 km、0.11 万 km 和 0.11 万 km，同比增长分别为 6.0%、−25.1%、
24.8%、−11.5% 和 −22.4%。

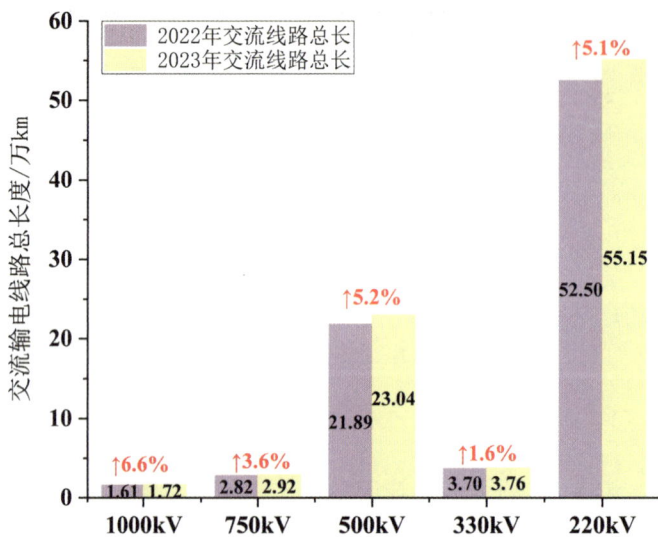

各电压等级交流输电线路总长度及同比增速

（数据来源：全国电力工业统计快报）

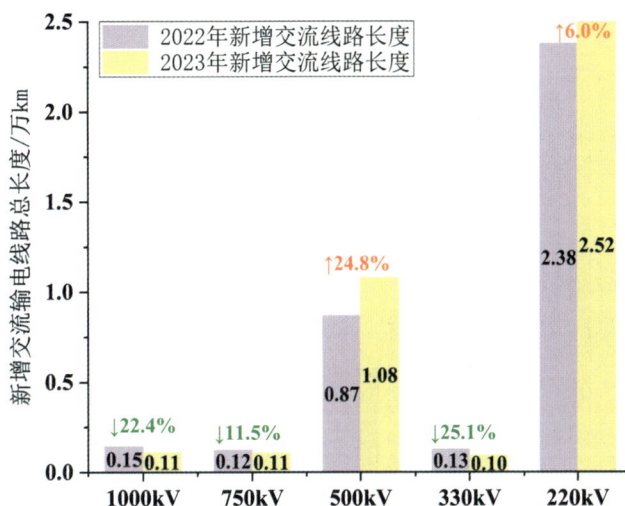

各电压等级新增交流输电线路长度及同比增速

（数据来源：全国电力工业统计快报）

从直流线路看，±400kV、±500kV、±660kV、±800kV 和 ±1100kV 各电压等级回路长度分别为 0.10 万 km、1.59 万 km、0.14 万 km、3.21 万 km 和 0.33 万 km，与上一年持平。

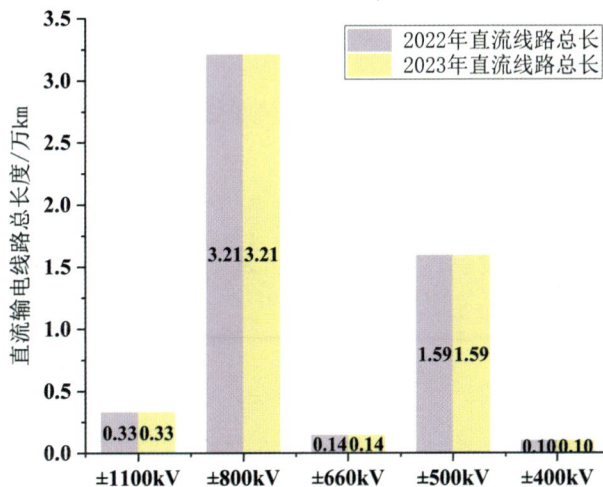

各电压等级直流输电线路总长度

（数据来源：全国电力工业统计快报）

从地区来看，2023 年电网新增 220kV 及以上输电线路长度（交流部分）超过 3000km 的有山东、蒙西和辽宁地区，新增线路长度分别为 3216km、3117km、3072km。从新增长度的同比增速来看，西藏、天津、安徽和云南位居前列，增速均超 100%。

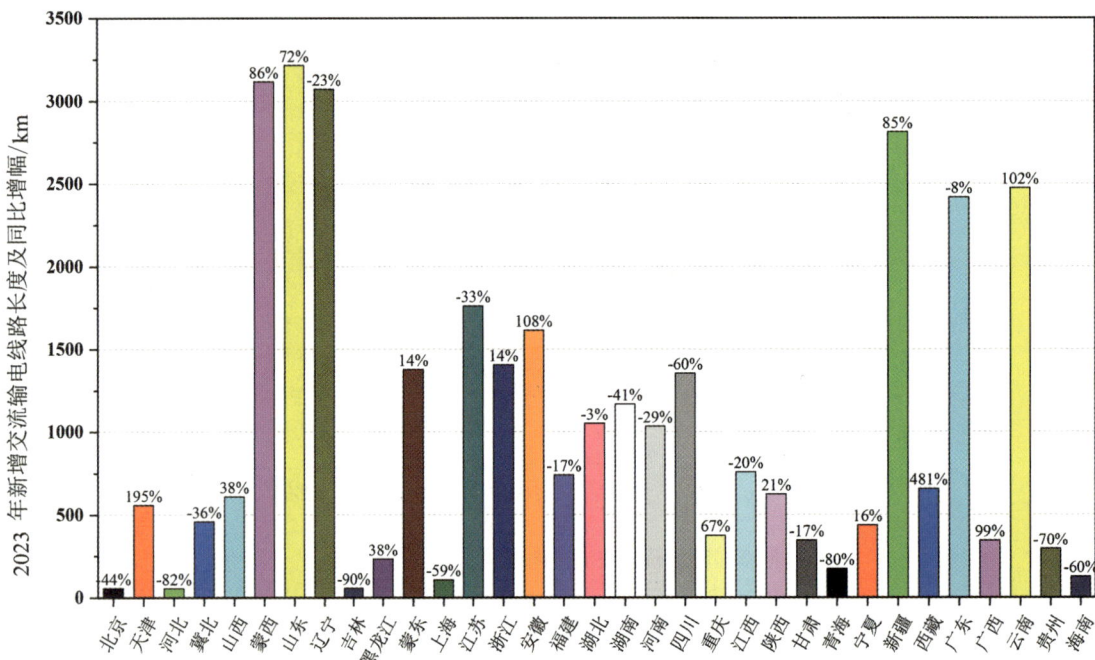

2023 年分地区电网新增 220kV 及以上输电线路长度（交流部分）

（数据来源：全国电力工业统计快报）

（2）变电（换流）容量

截止到 2023 年底，全国 220kV 及以上变电（换流）设备容量 54.2 亿 kVA，其中：交流变电设备容量 49.4 亿 kVA，同比增长 5.8%；直流换流容量 4.8 亿 kVA，同比增长 3.8%。

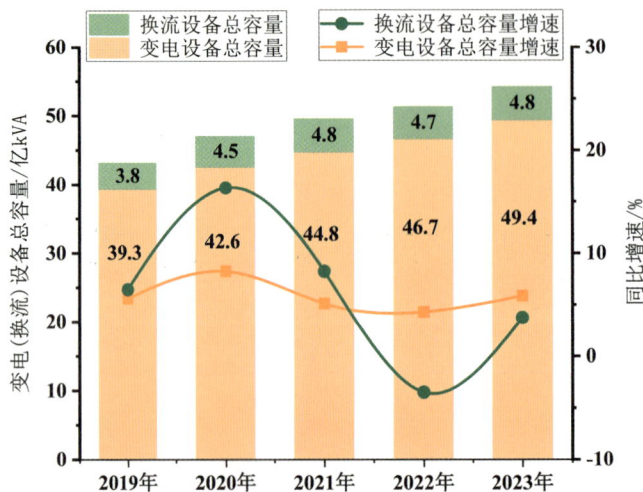

2019—2023 年全国 220kV 及以上变电（换流）设备总容量及增速

（数据来源：全国电力工业统计快报）

从交流变电容量看，220kV、330kV、500kV、750kV 和 1000kV 各电压等级变电设备容量分别达到 24.66 亿 kVA、1.53 亿 kVA、18.60 亿 kVA、2.48 亿 kVA 和 2.13 亿 kVA，同比增长分别为 5.0%、4.2%、7.2%、8.2% 和 2.9%。从增量看，220kV、330kV、500kV、750kV 和 1000kV 各电压等级新增变电设备容量分别为 1.00 亿 kVA、0.11 亿 kVA、1.24 亿 kVA、0.15 亿 kVA 和 0.06 亿 kVA，同比增长分别为 −7.0%、25.1%、9.0%、−35.4% 和 0.0%，750kV 新增变电设备容量同比下降较多，330kV 新增变电设备容量同比增长较多，1000kV 新增变电设备容量与上年持平。

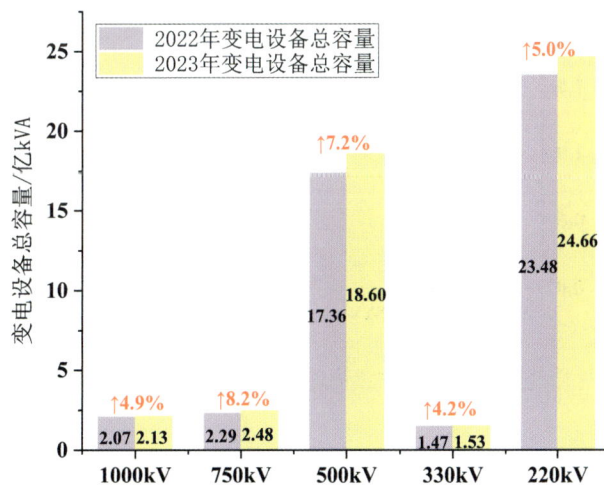

各电压等级交流变电设备总容量及同比增速

（数据来源：全国电力工业统计快报）

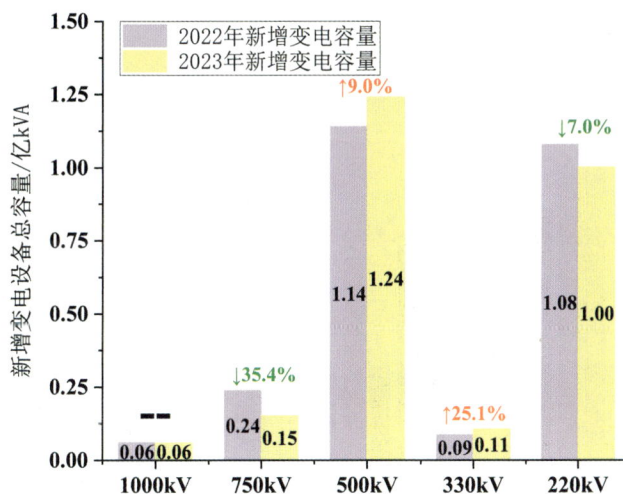

各电压等级新增交流变电设备容量及同比增速

（数据来源：全国电力工业统计快报）

从直流换流容量看，±400kV、±500kV、±660kV、±800kV 和 ±1100kV 各电压等级换流容量分别为 0.12 亿 kVA、1.26 亿 kVA、0.09 亿 kVA、3.07 亿 kVA 和 0.29 亿 kVA。从增量上看，±800kV 特高压直流新增换流容量为 1600 万 kW，与上一年持平。

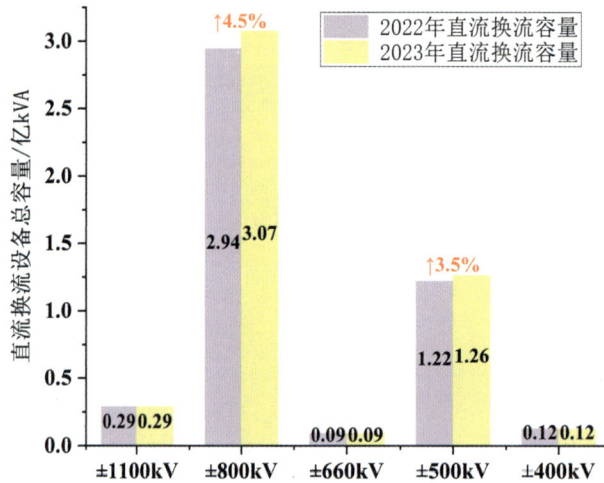

各电压等级直流换流设备总容量及同比增速

（数据来源：全国电力工业统计快报）

从地区来看，2023 年电网新增 220kV 及以上变电设备容量（交流部分）超过 1500 万 kVA 的有蒙西、云南、山东和辽宁地区，新增变电设备容量分别为 2397 万 kVA、1836 万 kVA、1762 万 kVA 和 1569 万 kVA。从新增变电容量的同比增速来看，广西、北京、甘肃和蒙西位居前列，增速均超 200%。

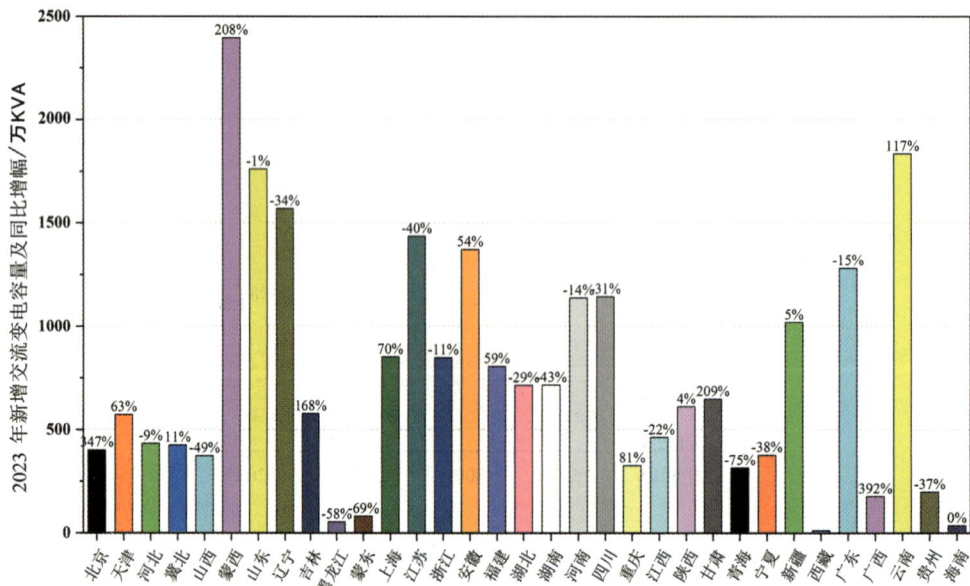

2023 年分地区电网新增 220kV 及以上变电设备容量（交流部分）

（数据来源：全国电力工业统计快报）

1.1.3　配电网

　　根据《中国电力行业年度发展报告 2024》，截止到 2023 年底，初步统计全国主要电网公司管理区域内 35kV ～ 110kV 交流配电网线路长度为 151 万 km，同比增长 2.6%。其中，110（66）kV 配电线路回路长度为 86 万 km，同比增长 3.8%；35kV 配电线路回路长度为 64 万 km，同比增长 1.1%。截止到 2023 年底，全国主要电网公司管理区域内 35kV ～ 110kV 交流配电网变电容量 27 亿 kVA，同比增长 4.2%。其中，110（66）kV 变电设备容量为 23 亿 kVA，同比增长 4.6%；35kV 变电设备容量 4 亿 kVA，同比增长 2.3%。

1.2 投资规模

1.2.1 总体情况

电网投资水平稳步增长。2023 年，全国电网工程建设投资完成 5277 亿元，创近五年新高，同比增长 5.4%；电网工程投资占电力投资的比例为 34.0%，较上一年下降 6.2 个百分点。

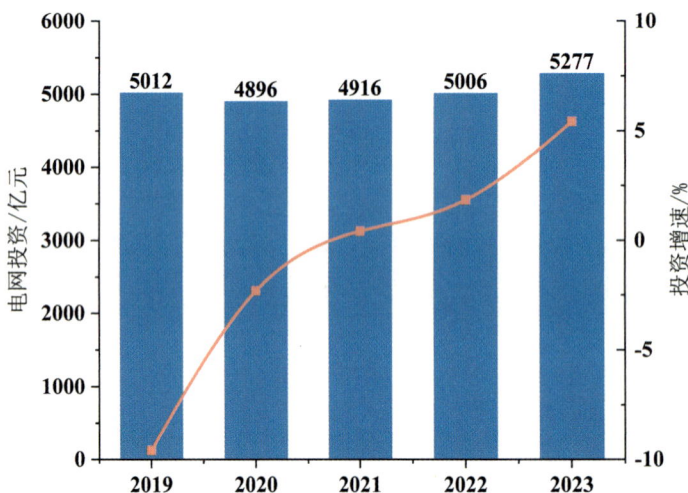

2019—2023 年全国电网投资完成情况及增速

（数据来源：中国电力行业年度发展报告）

1.2.2 投资结构

从输、配电网投资结构来看，2014 年以来配电网投资已连续 10 年超过输电网。2023 年 220kV 及以上电压等级输电网完成投资 2212 亿元，同比增长 7.0%，其中特高压工程投资 414 亿元；110kV 及以下配电网完成投资 2920 亿元，同比增长 6.0%。

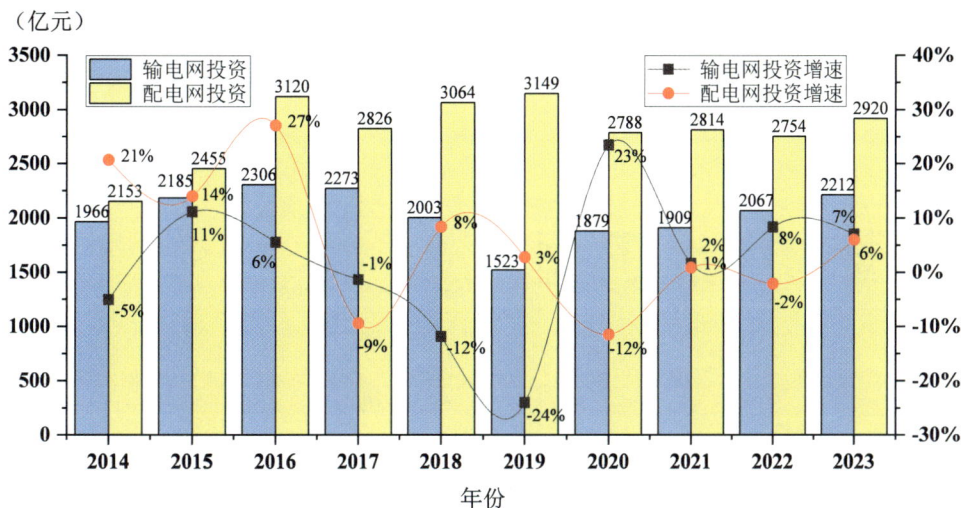

2014—2023 年输配电网投资与增速变化

（数据来源：中国电力行业年度发展报告）

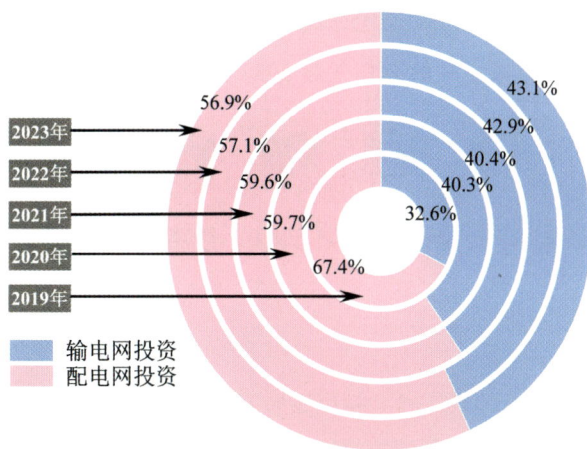

2019—2023 年输配电网投资占比

（数据来源：中国电力行业年度发展报告）

1.3　国内重点工程

1.3.1　国内投产重点项目

（1）特高压项目

2023 年，白鹤滩－浙江 ±800kV 特高压直流工程实现全容量投产，驻马店－武汉、福州－厦门 1000kV 特高压交流输变电工程建成投产。驻马店－武汉 1000kV 特高压交流工程起于豫南换流站，止于武汉换流站，新建同塔双回 1000kV 输电线路 281km，该工程是华中特高压主网架的重要组成部分。福州－厦门 1000kV 特高压交流输变电工程新增变电容量 600 万 kVA，新建双回 1000kV 输电线路 234km，该工程进一步完善了福建电网主网架结构，增强福建"北电南送"输电能力。

截止到 2023 年底，我国建成直流特高压工程 20 项，输电容量合计约 1.6 亿 kW，线路长度约 3.5 万 km；建成交流特高压工程 19 项，新建变电站 35 座，线路长度约 1.7 万 km。目前已形成特高压"20 直 19 交"格局。

表 1-1　特高压直流投运项目

序号	工程名称	电压等级 (kV)	输送容量 (MW)	线路长度 (km)	投产年
1	云南－广东特高压直流输电工程	±800	5000	1373	2010
2	向家坝－上海特高压直流输电工程	±800	6400	1907	2010
3	锦屏－苏南特高压直流输电工程	±800	7200	2059	2012
4	哈密－郑州特高压直流输电工程	±800	8000	2192	2014
5	溪洛渡－浙江特高压直流输电工程	±800	8000	1653	2014
6	糯扎渡－广东特高压直流输电工程	±800	5000	1413	2015

续表

序号	工程名称	电压等级 (kV)	输送容量 (MW)	线路长度 (km)	投产年
7	宁东－绍兴特高压直流输电工程	±800	8000	1720	2016
8	酒泉－湖南特高压直流输电工程	±800	8000	2386	2017
9	晋北－江苏特高压直流输电工程	±800	8000	1111	2017
10	锡盟－泰州特高压直流输电工程	±800	10000	1628	2017
11	扎鲁特－青州特高压直流输电工程	±800	10000	1234	2017
12	上海庙－临沂特高压直流输电工程	±800	10000	1230	2017
13	滇西北－广东特高压直流输电工程	±800	5000	1960	2018
14	昌吉－古泉特高压直流输电工程	±1100	12000	3319	2019
15	乌东德送电广东广西特高压多端直流输电工程	±800	8000	1452	2020
16	青海－河南特高压直流输电工程	±800	8000	1563	2020
17	雅中－江西特高压直流输电工程	±800	8000	1704	2021
18	陕北－武汉特高压直流输电工程	±800	8000	1136	2022
19	白鹤滩－江苏特高压直流输电工程	±800	8000	2080	2022
20	白鹤滩－浙江特高压直流输电工程	±800	8000	2121	2022

表 1-2　特高压交流投运项目

序号	工程名称	新建站	变压器容量 (MW)	线路长度 (km)	投产年
1	晋东南－南阳－荆门 1000kV 特高压试验示范工程	3	6000	640	2009
2	淮南－浙北－上海 1000kV 同塔双回输变电示范工程	4	21000	2×650	2013
3	浙北－福州 1000kV 交流特高压输电工程	3	18000	2×603	2014

序号	工程名称	新建站	变压器容量 (MW)	线路长度 (km)	投产年
4	锡盟 – 山东 1000kV 交流特高压输电工程	4	15000	2×730	2016
5	淮南 – 南京 – 上海 1000kV 交流特高压输电工程	3	12000	2×759	2016
6	蒙西 – 天津南 1000kV 交流特高压输电工程	4	24000	2×616	2016
7	榆横 – 潍坊 1000kV 交流特高压输电工程	4	15000	2×1059	2017
8	胜利 – 锡盟 1000kV 交流特高压输电工程	1	6000	2×237	2017
9	雄安 – 石家庄 1000kV 交流特高压输电工程	0	/	2×222	2019
10	苏通 GIL 综合管廊工程	0	/	2×5.8	2019
11	潍坊 – 石家庄 1000kV 交流特高压输电工程	2	15000	2×816	2020
12	张北 – 雄安 1000kV 交流特高压输电工程	1	6000	2×315	2020
13	蒙西 – 晋中 1000kV 交流特高压输电工程	0	/	2×308	2020
14	驻马店 – 南阳 1000kV 交流特高压输电工程	1	6000	2×188	2020
15	南昌 – 长沙 1000kV 特高压交流工程	2	12000	2×341	2021
16	南阳 – 荆门 – 长沙特高压交流输变电工程	0	/	285+2×340.2	2022
17	荆门 – 武汉特高压交流工程	1	6000	2×238	2022
18	驻马店 – 武汉 1000kV 特高压交流输变电工程	0	/	2×281	2023
19	福州 – 厦门 1000kV 特高压交流输变电工程	1	6000	2×234	2023

（2）柔性直流工程

截止到 2023 年底，国内已建成高压大容量柔性直流输电工程 11 项，电压等级最高达 ±800kV，换流容量最高达 5000MW。

表 1-3　柔性直流工程投运项目

序号	工程名称	电压等级 (kV)	换流容量 (MW)	线路长度 (km)	投产年
1	南澳三端柔性直流工程	±160	200/100/50	41	2013

序号	工程名称	电压等级（kV）	换流容量（MW）	线路长度（km）	投产年
2	舟山五端柔性直流工程	±200	400/300/100	141	2014
3	厦门柔性直流工程	±320	1000	11	2015
4	鲁西背靠背直流工程	±300	1000	—	2016
5	渝鄂背靠背柔性直流输电工程	±420	2×1250	—	2019
6	张北可再生能源柔性直流电网示范工程	±500	3000/1500	648	2020
7	乌东德送电广东广西特高压直流工程	±800	5000/3000	1465	2020
8	江苏如东海上（H6、H8、H10）风电柔性直流输电工程	±400	1100	100	2021
9	大湾区南通道直流背靠背工程（东莞）	±300	3000	—	2022
10	大湾区中通道直流背靠背工程（广州）	±300	3000	—	2022
11	白鹤滩－江苏特高压直流输电工程（虞城换流站柔直部分）	±400	4000	2080	2022

（3）其他重点项目

2023 年已建成的其他部分重点工程项目见下表。

表 1-4　其他重点投产项目

序号	工程名称	电压等级（kV）	线路长度（km）	容量（MVA）	备注
1	江苏扬镇直流输电工程（一期）	±200	110	1200	我国首个"交改直"工程
2	青海昆仑山 750kV 输变电工程	750	2×191	2×2100	国家首批"沙戈荒"大基地配套工程
3	新疆甘泉堡 750kV 变电站工程	750	—	2×1500	新疆首座 750kV、220kV 均采用 HGIS 的变电站，创造"当年开工、当年投产"纪录
4	吉林乾安 500kV 输变电工程	500	133.4	2×1200	国家首批"沙戈荒"大基地配套工程
5	云南鹤城 500kV 输变电工程	500	新建 166 改造 270	3×1000	云南首期投产变电容量最大、土建工程量最大、线路改接最复杂的 500kV 电网工程

续表

序号	工程名称	电压等级(kV)	线路长度(km)	容量(MVA)	备注
6	浙江严州（建德）500kV 输变电工程	500	205	2×1000	杭州西部绿色供电环网关键工程，跨越新安江采用同塔混压四回线
7	江西高安 500kV 输变电工程	500	17.4	1000	江西首座 500kV、220kV 均采用 HGIS 的智能变电站
8	巴塘—澜沧江 500kV 线路工程	500	178.5	—	川藏电网间电力通道增加至三回
9	湖南衡阳西 500kV 输变电工程	500	1.4	2×1000	"宁电入湘"衡阳段配套工程
10	内蒙古德义 500kV 输变电工程	500	2×4.6	2×1200	内蒙古电网第二座 500kV 智能化枢纽变电站
11	广东楚庭 500kV 输变电工程	500	2×20.3 电缆	2×1000	全国最长、电压最高、容量最大的 500kV 陆上交联电缆隧道
12	陕西宝鸡千河 330kV 输变电工程	330	68.6	2×360	陕西首个变电站模块化 2.0 试点工程

1.3.2 在建（核准）重点项目

2023 年以来取得核准批复的有陇东－山东、宁夏－湖南、哈密－重庆、陕北－安徽、甘肃－浙江 ±800kV 特高压直流输电工程，以及川渝特高压交流工程等一批重点项目。

截止到目前，国内在建重点输电工程 11 项，其中 1000kV 特高压交流输电工程 4 项、±800kV 特高压直流输电工程 6 项，海上风电柔性直流送出工程 1 项。

表 1-5　在建（核准）交流重点输电工程

输电通道	电压等级（kV）	新增变电容量（MVA）	输电距离（km）
武汉－南昌特高压交流输变电工程	1000	0	2×456
张北－胜利特高压交流输变电工程	1000	9000	2×368
川渝特高压交流输变电工程（甘孜－天府南－成都东、天府南－铜梁）	1000	24000	2×658
川渝特高压交流输变电工程（阿坝－成都东）	1000	6000	2×371

（数据来源：相关工程可行性研究报告和初设报告）

表 1-6　在建（核准）直流重点输电工程

输电通道	电压等级（kV）	输电容量（MW）	输电距离（km）
金上－湖北特高压直流输电工程	±800	8000	1901
陇东－山东特高压直流输电工程	±800	8000	926
宁夏－湖南特高压直流输电工程	±800	8000	1634
哈密－重庆特高压直流输电工程	±800	8000	2290
陕北－安徽特高压直流输电工程	±800	8000	1069
甘肃－浙江特高压直流输电工程	±800	8000	2370
三峡能源阳江青洲海上风电柔性直流送出项目	±500	2000	92.5

（数据来源：相关工程可行性研究报告和初设报告）

1.3.3　获奖项目

2022—2023 年度国家优质工程金奖共计 36 项，其中电网工程 4 项。

表 1-7　2022—2023 年度第一批电网领域获优质工程金奖项目清单

序号	获奖项目名称
1	乌东德电站送电广东广西特高压多端直流示范电工程
2	准东－华东（皖南）±1100kV 特高压直流工程
3	张北柔性直流电网试验示范工程
4	大湾区柔性直流背靠背工程

（资料来源：中国施工企业管理协会）

2022-2023 年度中国建设工程鲁班奖共计 246 项，其中电网工程 6 项。

表 1-8　2022—2023 年度第一批电网领域获鲁班奖工程项目清单

序号	获奖项目名称
1	金山 500kV 变电站新建工程
2	青海－河南 ±800kV 特高压直流输电及其配套工程（特高压豫南换流变电站）
3	博州 750kV 变电站工程
4	长沙 1000kV 变电站新建工程
5	妙岭 750kV 变电站新建工程
6	万家丽路 220kV 电力市政隧道管廊工程

（资料来源：中国建筑业协会）

2023 年度中国土木工程詹天佑奖共计 89 项，其中电网工程 2 项。

表 1-9　2023 年度获詹天佑奖电网工程项目清单

序号	获奖项目名称
1	舟山 500kV 联网输变电工程
2	苏通 GIL 综合管廊工程

（资料来源：中国土木工程学会）

2023 年度电力行业优秀工程设计一等奖 65 项，其中送变电工程 15 项。

表 1-10　2023 年度送变电工程优秀设计一等奖项目清单

序号	类别	获奖项目名称
1	变电工程	白鹤滩水电直流外送换流站工程
2		闽粤联网工程换流站勘察设计
3		陆丰 500kV 变电站新建工程
4		兰临 750kV 变电站新建工程
5		晋城东 500kV 变电站新建工程
6		通州北 500kV 变电站
7		齐河 500kV 变电站工程
8	送电工程	白鹤滩 – 江苏 ±800kV 特高压直流输电线路工程
9		江苏凤城 – 梅里 500kV 输变电工程（线路部分）
10		南阳 – 荆门 – 长沙特高压交流工程线路工程
11		荆门 – 武汉 1000kV 特高压交流线路工程
12		青海鱼卡 – 托素（德令哈）750kV 线路工程
13		新疆准东神华神东电力五彩湾电厂二期、国网能源、潞安电厂 750kV 送出工程
14		粤港澳大湾区 500kV 外环东段工程线路工程
15		陕西西安北 – 玄武 330kV 线路工程

（资料来源：中国电力规划设计协会）

2023 年，中国勘察设计协会公布 2021 年度工程勘察、建筑设计行业和市政公用工程优秀勘察设计奖，电力工业项目一等奖共计 23 项，其中电网工程 10 项。

表 1-11　2021 年度优秀勘察设计奖项目清单

序号	获奖项目名称
1	昌吉 - 古泉 ±1100kV 特高压直流输电工程换流站及接地极工程
2	青海 - 河南 ±800kV 特高压直流输电线路工程
3	云贵互联通道工程系统研究与成套工作、勘察设计
4	金山 500kV 变电站新建工程
5	福建厦门集美 500kV 变电站工程
6	500kV extra high voltage project and associated 230kv lines of Ecuador
7	张掖 750kV 输变电工程 (变电, 河西扩建)
8	莎车 - 和田 750kV 线路工程
9	乌东德电站送电广东广西特高压多端直流示范工程
10	阿里与藏中电网联网工程线路工程

（资源来源：中国勘察设计协会）

1.4 国际工程

2023 年，我国电力企业签约 727 个境外电力项目，合同总金额 513.64 亿美元，总金额同比增加 51.1%。其中，输变电项目（包括输变电设备出口项目和输变电工程项目）签约金额为 83.75 亿美元，同比增加 52.4%，占总签约金额的 16.3%。

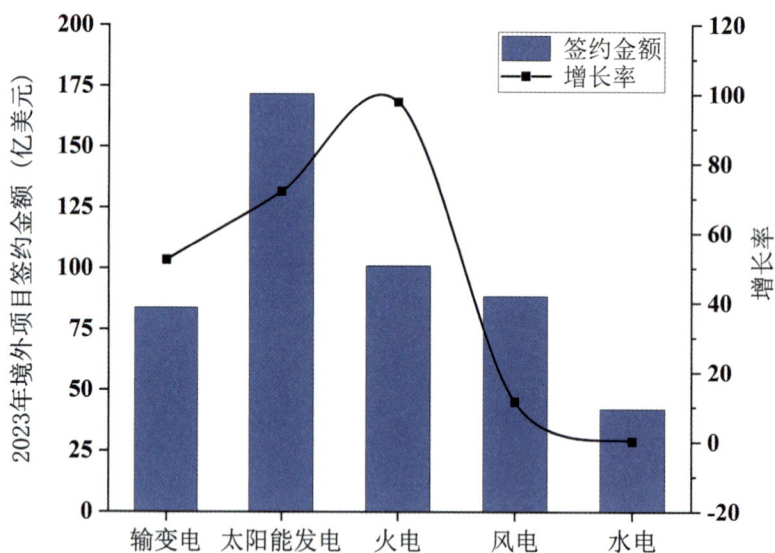

2023 年境外电力项目各子行业签约金额及增长率

（数据来源：中国机电产品进出口商会）

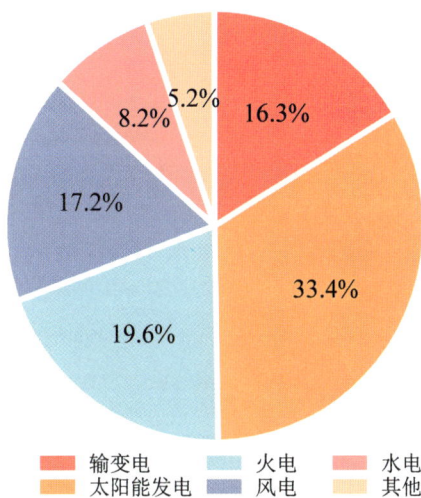

2023 年境外电力项目各子行业签约金额占比情况

（数据来源：中国机电产品进出口商会）

2023 年中国电力行业境外输变电项目签约额前 10 名企业情况见下表，前 10 名企业签约总金额 79.97 亿美元，占境外输变电项目总合同额的 95.5%。

表 1-12　2023 年中国电力行业境外输变电项目签约额企业排名（前 10 位）

序号	企业名称	金额（亿美元）
1	中国电建集团国际工程有限公司	41.56
2	中国电力技术装备有限公司	13.73
3	中国葛洲坝集团股份有限公司	7.30
4	中国土木工程集团有限公司	4.63
5	西安西电国际工程有限责任公司	3.89
6	中国重型机械有限公司	3.83
7	哈尔滨电气国际工程有限责任公司	1.73
8	中国机械设备工程股份有限公司	1.57
9	山东电工电气集团有限公司	0.91
10	中国能源建设集团天津电力建设有限公司	0.82

（数据来源：中国机电产品进出口商会）

1.4.2　国际合作项目

2023 年以来我国与多个国家和地区在电网建设领域的合作持续稳步开展，在建（中标）的部分重点项目如下表所示。

表 1-13 国际合作重点项目

序号	项目名称	电压等级（kV）	输电容量（MW）	输电距离（km）	投产时间
1	智利 Kimal-Lo Aguirre 直流输电工程	±600	3000	1350	在建
2	德国 BorWin6 海上风电柔直并网工程	±320	980	235	在建
3	巴西绿地输电特许权项目	500	—	198	在建
4	巴基斯坦迈拉 500kV 开关站	500	—	—	在建
5	埃及－沙特 ±500kV 超高压直流输电线路工程	±500	—	335	在建
6	巴西东北特高压特许经营权项目	±800	5000	1468	中标
7	沙特中部－西部和中部－南部柔性直流项目	±500	7000	–	中标

1.5　节能减排成效

（1）电网综合线损率

我国电网综合线损率持续下降，截止到 2023 年底，电网综合线损率为 4.54%，较上一年下降 0.28 个百分点。

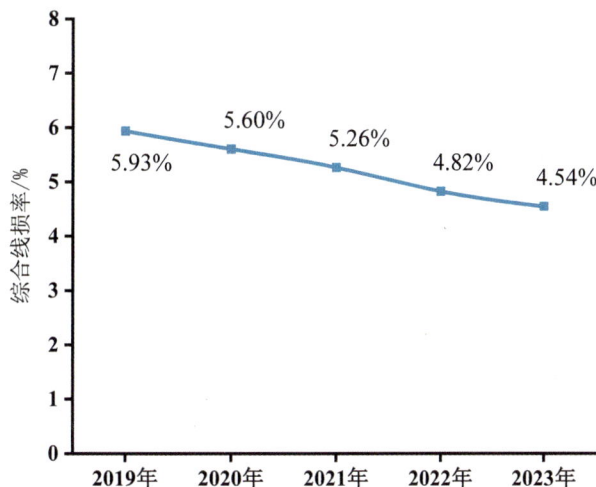

2019—2023 年电网综合线损率变化趋势

（数据来源：全国电力工业统计快报）

（2）新能源并网发电量

2023 年风电、太阳能累计并网发电量为 14691 亿 kWh，同比增长 23.5%，占全部发电量的 15.8%，较上年提升 2.1 个百分点，相当于节省标准煤消耗 4.4 亿 t，减排二氧化碳约 12 亿 t，节能减排成效明显。

2019-2023 年风电和太阳能并网发电量及同比增速

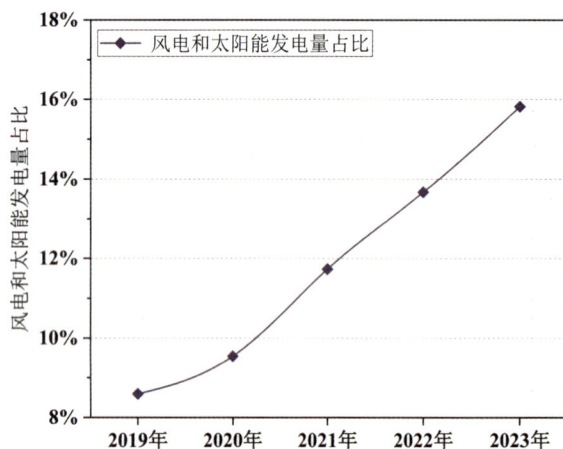

2019-2023 年风电和太阳能并网发电量占比

（数据来源：全国电力工业统计快报）

（4）特高压直流工程输送可再生能源电量

2023 年，20 条直流特高压线路年输送电量 6248 亿千瓦时，其中可再生能源电量 3281 亿千瓦时，同比提高 3.6%，可再生能源电量占全部直流特高压线路总输送电量的 52.5%。国家电网运营的 16 条直流特高压线路总输送电量 5537 亿千瓦时，其中可再生能源电量 2672 亿千瓦时，占总输送电量的 48.3%；南方电网运营的 4 条直流特高压线路输送电量 711 亿千瓦时，其中可再生能源电量 610 亿千瓦时，占总输送电量的 85.8%。

2019-2023 年特高压直流输送可再生能源电量及同比变化

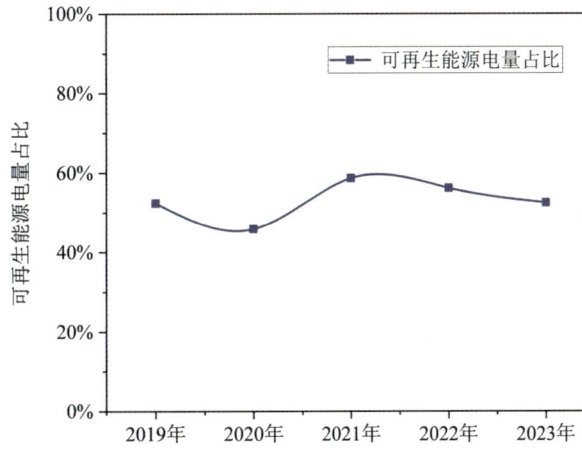

2019-2023 年特高压直流输送可再生能源电量占比变化

（数据来源：2019-2023 年度全国可再生能源电力发展监测评价报告）

1.6 面临的形势与挑战

今年是习近平总书记提出"四个革命、一个合作"能源安全新战略十周年。十年来，我国电网建设取得了一系列辉煌成就。输电线路长度、变电（换流）容量、清洁能源并网装机容量均保持世界首位，全国交直流互联的坚强智能电网格局初步形成。特高压交直流输变电技术、柔性直流输电技术、柔性低频输电技术、以统一潮流控制器为代表的灵活交流输电技术、以气体绝缘金属封闭输电线路（GIL）和超导电缆为代表的新型输电技术、能源互联网技术等均取得重大突破并实现工程应用。总体而言，我国电网供应保障能力持续增强，绿色低碳转型深入推进，安全质量效率稳步提高，科技创新成果接连涌现，国际合作领域不断拓展。

当前，我国建设新型能源体系的重要任务之一即是构建清洁低碳、安全充裕、经济高效、供需协同、灵活智能的新型电力系统。面对历史新起点和新任务，在推进我国电网高质量发展的道路上，我们仍面临着诸多前所未有的挑战和困难亟待攻克。

（1）**重大电网工程项目的组织模式和外部环境日益复杂，应做好顶层设计，构建有力统筹、顺畅沟通的协调机制**。对于跨经营区的特高压输电工程，不同运营主体局限于企业自身的战略定位、发展诉求、技术沉淀、建设管理习惯等因素，在技术路线、建设管理、投资运营等多方面存在差异，项目进度不及预期。重大电网工程建设的外部环境日益复杂，往往面临国土空间资源、环境保护、其他行业基础设施等多方面的制约因素。例如，河西走廊等地区跨省跨区输电通道资源十分紧张，密集通道安全风险管控压力较大；长江中下游地区跨江输电通道极其稀缺，且建设地下管廊存在难度大、费用高、工期长等问题；自然资源部门对集约用海的呼声较高，海上风电近海电缆路由规划选址难度加大。未来应做好顶层设计，站在全国一盘棋的角度优化能源电力资源配置，坚持系统观念和问题导向，加强统筹协调力度，建立健全跨行业、跨部门、多元主体工作沟通与协商决策机制，力争做到科学规划、有序建设、多方共赢。

（2）**极端天气事件频发威胁电网安全稳定运行，应加强电网防灾减灾能力建设，提升电力系统韧性**。全球气候变暖会加剧气候系统的不稳定性、改变大尺度的大气环流形势，导致气候异常、极端天气事件频发。近年来，我国极端天气灾害突发性越来越强，具有难以预防、破坏性大等特点。2023年冬季我国受到多轮极端雨雪冰冻天气侵袭，波及范围大，时间跨度长，局部地区强度大，给电网安全运行带来了巨大挑战。据不完全统计，有 16 回在运特高压线路发生了 42 处不同程度的设备受损及临时停电事故。完备的电网防灾减灾技术是电网安全、稳定运行的可靠保障，应加强电网防灾减灾能力建设，建立完善的天气预警系统，加强各类防灾减灾新技术、新装备、新材料的研发，并因地制宜地推广应用，全面提升输变电设施的本质安全和电力系统韧性。

（3）**部分老旧设备已不适应当前电网发展形势，应积极推动输变电设备更新改造工作。**我国电网目前存在大量老旧的输变电设备设施，部分电力变压器运行时间超过 30 年，已不符合现行能效标准；部分输配电线路存在老化问题，影响系统可靠运行。国务院印发的《推动大规模设备更新和消费品以旧换新行动方案》指出，推动大规模设备更新是加快构建新发展格局、推动高质量发展的重要举措。为更好地构建新型电力系统，电网企业应加快淘汰落后产品设备，提升安全可靠水平，促进产业高端化、智能化、绿色化发展。电网大规模设备更新改造应重点聚焦以下方面：一是适应能源转型需求，实现新能源的友好并网、系统灵活性和调节能力提升；二是提升电网安全与稳定性，通过可控换相技术改造、柔直化改造等途径来减少常规直流换流站换相失败风险，通过应用新型高性能断路器以解决电网密集地区短路电流超标问题；三是促进绿色环保和节能减排，因地制宜推广采用环保绝缘介质的设备（如天然酯绝缘油变压器、压缩空气绝缘开关柜）、高能效配电变压器等；四是促进产业链自主可控，加大国产化电力电子器件、电力专业芯片、控制保护设备应用力度等。

（4）**分布式新能源和新型负荷大规模发展对配电网提出更高要求，亟须打造安全高效、清洁低碳、柔性灵活、智慧融合的新型配电网。**随着我国以新能源为主体的新型电力系统建设进程不断推进，配电网的功能、定位、形态正在发生深刻变化，未来将呈现交直流混联的形态，成为"源网荷储"融合互动、与上级电网灵活耦合的电力网络。配电网当前面临着许多新的挑战和问题：首先，对新能源和新兴业态承载力不足。分布式光伏的爆发式增长，导致配电网线路、变压器反向过负载严重，电压越限问题突出；电动汽车快速发展、充电需求激增，供电压力增大。其次，发展不平衡不充分问题突出。农村地区配电网的结构相对薄弱，供电可靠性较低，装备的能效和智能化水平不高。新形势下，实现配电网高质量发展，一方面要夯实基础，持续完善网架结构、稳妥推进边远地区大电网延伸覆盖；另一方面要积极探索研究交直流柔性互联、直流供配电、主动配电网、车网互动等新技术，有效促进源荷时空匹配、供需平衡协同、电能质量提升，加快配电网数智赋能转型升级。

（5）**支撑新型电力系统构建的一些重大前沿电网技术仍有待突破，应有效释放创新潜能，抢抓新质生产力发展机遇。**我国电网工程领域已形成具有较强国际竞争力的完整产业链、供应链和价值链，科技整体水平实现从跟跑向并行、领跑的战略性转变，但与高水平新型电力系统建设要求仍有差距，有待进一步突破。在新能源并网方面，特高压柔性直流输电对 4500V/5000A 及以上大容量电力电子器件需求迫切；远海风电并网在超大载流量海底电缆、紧凑型高经济性换流器拓扑等方面的难题亟待攻克。在复杂自然环境和系统条件下的工程技术方面，亟须攻关特高压直流 GIL 技术、超高海拔特高压关键技术、持久性防／疏冰导线技术、可关断电流源型直流换流关键技术及装备，因地制宜地探索电力与交通等基础设施空间共建共享模式。在电网数字化智能化方面，需攻克人工智能大模型技术、智能调度与智能运维技术、数字孪生技术等。应发挥举国体制优势，牢牢把握新质生产力发展机遇，加强政策引导，着力激发科技创新创造活力，强化前沿领域技术布局，促进产学研深度融合和成果高效转化，推动电网高质量发展。

（6）**全球能源产业格局调整重塑，应积极践行人类命运共同体理念，拓宽"一带一路"海外市场，打造中国电网品牌形象**。当前，世界百年未有之大变局加速演进，世界之变、时代之变、历史之变正以前所未有的方式展开。新一轮科技革命和产业变革深入发展，全球能源格局加速演变。2023 年 11 月欧盟提出"电网行动计划"，拟投入 5840 亿欧元，用于改善升级欧洲电网设施；美国能源部启动电网弹性和创新伙伴关系计划（GRIP）支持动态增容、先进导体等电网新技术发展。中国企业推动先进电网技术、装备和标准走出国门，中标了德国 BorWin6 海上风电柔直换流站 EPC 项目、巴西东北部新能源送出 ±800kV 特高压直流输电特许权项目、沙特中部－西部和中部－南部 ±500kV 柔性直流换流站总承包项目等海外标志性工程，是中国企业国际竞争力持续跃升的体现。电网领域海外市场机遇与挑战并存，国际合作方兴未艾。中国的发展离不开世界，世界的繁荣也需要中国。作为支撑实现中国式现代化的关键领域，电网相关企业应积极践行人类命运共同体理念，顺应和平发展合作共赢的时代潮流，继续拓展"一带一路"电力合作"朋友圈"，不断擦亮中国名片。

第 2 章

电网工程新技术

2.1 直流输电技术

2.1.1 大容量特高压柔性直流输电技术

"十四五"和"十五五"期间，我国将在沙漠、戈壁、荒漠地区建设若干大型新能源基地，这是建设新型电力系统、实现"双碳"目标的重要举措。千万千瓦级沙戈荒大规模新能源基地规模大、地域广、缺乏常规电源支撑，新能源出力的波动性和随机性强，柔性直流输电的技术优势决定了大规模新能源发电基地经特高压柔直送出，将会是我国未来新能源消纳的一种重要形式。

目前已投运柔直工程容量相对较小，为了更好地承担大规模新能源基地电力外送重任，亟须提高柔直输电容量，发展大容量特高压柔性直流输电技术。技术核心是要提高功率半导体器件的通流能力，目前多家公司研发出了可应用于特高压柔直的 4500V/5000A 等级的 IGBT 功率器件，并陆续开展产品试验验证。换流变方面，当工程容量达到 8000MW，柔直变压器因为尺寸较大，给大件运输带来了一定难题，或需考虑采用两台变压器并联、现场组装等特殊方案。基于 4500V/ 5000A 的功率器件，采用双极双换流器串联的接线方式即可实现 8000MW 的功率传输。当需要的传输功率更大，或者采用较低水平的功率器件时，则需要考虑换流站 / 换流阀桥臂 / 功率器件并联的接线方式。

特高压柔直需要采用远距离架空线路输电，发生直流线路故障的概率极大增加，换流阀一般采用全桥 + 半桥的拓扑结构，通过快速投入全桥子模块，将直流故障电流控制为零，消弧后待直流线路重启动，恢复功率输送。柔直系统还需针对宽频振荡抑制、功率盈余控制等策略进一步优化，提供更加经济安全的解决方案；针对纯新能源构成的送端电源系统，柔直系统可能还需进行构网型控制，提供新能源并网所需的电压和惯量支撑，实现大规模新能源经特高压柔直的安全稳定送出。

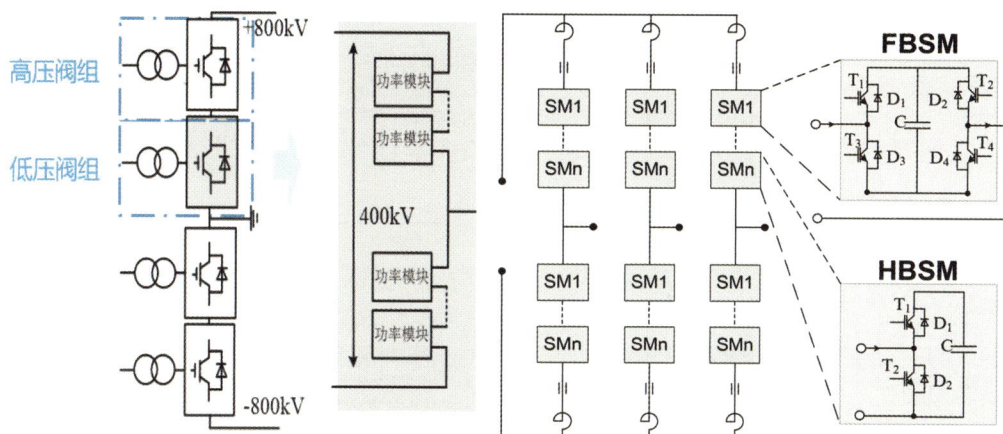

双极双阀组串联接线全桥 + 半桥的拓扑结构

　　我国在国际上首次自主研发 ±800kV、8000MW 特高压柔性直流技术，可有效解决送端高比例新能源发电不稳定、电网稳定性差，受端高比例外受电系统动态响应复杂、控制难度大等问题，大幅提升大电网安全稳定水平和灵活性，为经济社会高质量发展提供更加安全高效清洁的电力供应。该技术将在甘肃－浙江特高压柔性直流输电试验示范工程中首次应用，该工程的建设将开启大规模新能源基地经特高压柔直送出的新时代。未来还需围绕特高压柔直技术持续做好技术攻关，推进高压大容量电力电子功率器件、干式直流电容器、有载分接开关等关键高端电工材料和设备的国产化进程，在提升输送容量的同时，持续降低造价和损耗，促进大容量特高压柔性直流输电技术可持续发展。

2.1.2　高压直流输电多换流器并联技术

　　我国已投运的高压直流工程多以两端直流为主，采用多换流器串联的结构方式，该拓扑结构技术成熟，控制策略相对简单，得到了广泛应用。此前多换流器并联的结构方式主要用于直流融冰，通过开关操作和特殊的跳线将原本正常串联运行的多换流器调整为并联运行，以提供大电流进行线路融冰。除此之外，并联技术还可以应用于直流扩建工程。早期的个别直流工程由于受到交流系统条件、投资限制等制约因素，采取了分期建设方案。待时机成熟，具备扩建条件和必要性时，采取并联扩建方案相比串联方案，无须改变系统直流电压水平，更易于扩建。

　　在每端换流站每极 2 个 12 脉动换流器的情况下，多换流器并联相较于串联的拓扑结构，其可行的运行方式从 45 种增加至 117 种。更加灵活的运行方式对直流系统的可靠性提出了新的要求。为了实现单换流器故障情况下仅退出本站故障换流器，对站所有健全换流器继续运行的目的，需要在每个换流器的低压侧配置直流转换开关、高压侧配置直流快速开关，以实现换流器故障后的快速隔离，这对该直流转换开关的转移电流能力也提出了更高要求。

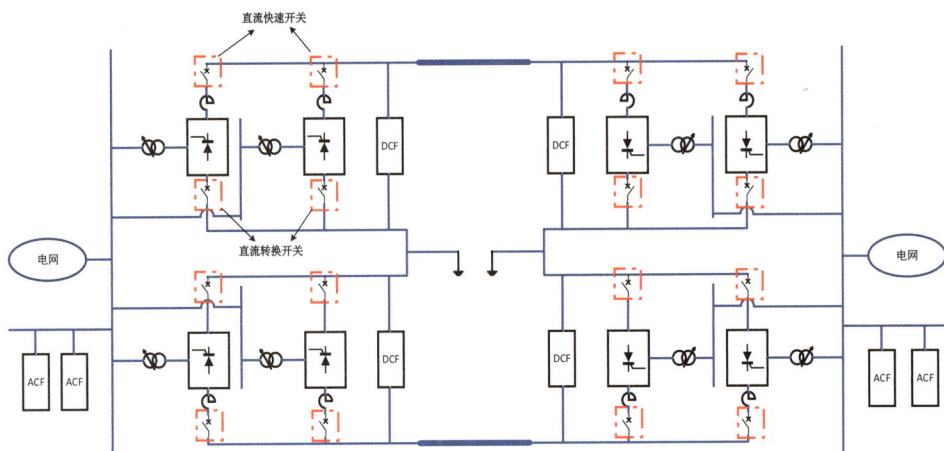

高压直流输电多换流器并联拓扑示意图

并联运行方式对直流控制保护策略带来了较大挑战，传统的典型控制策略需要进行重新设计。传统的直流控制策略采用送端定直流电流，受端定直流电压或定关断角的策略。在高压直流输电多换流器并联技术中，由于并联的多个换流器各自的直流电流独立但直流电压相同，受端的换流器如果均采用定直流电压或定关断角的策略，可能出现多个换流器的直流电流不平均的情况，极端时会发生电流断续或过流保护动作等问题。因此，受端需要采取一个换流器定直流电压、其他换流器定直流电流的控制策略，以实现换流器的平衡运行。另外，单个换流器投入／退出控制、故障隔离策略等方面的复杂性相对于串联拓扑结构的直流工程而言大大增加。

高压直流输电多换流器并联技术已在青藏直流二期扩建工程中得到首次应用。青藏直流将在已有的每极 1 个换流器基础上并联建设新的换流器，使工程的双向送电能力由 600MW 换流容量提升至 1200MW。工程建成后将会进一步促进西藏自治区经济发展，降低弃电率，减少资源浪费。高压直流输电多换流器并联技术在高压直流输电工程的分期扩建、增容等场合具备较好的应用前景。

2.1.3 可控换相直流输电技术

随着"双碳"战略的深入推进，西部大规模新能源需通过特高压直流输电技术送至中东部负荷中心，直流落地更加密集，多回直流连续换相失败的风险进一步加大；发生换相失败后，直流传输功率跌落至 90%，无功波动达到换流容量的 40%，对于传输容量达 8000MW 的特高压而言，其换相失败带给电网的风险巨大，亟须在特高压领域开发具有换相失败免疫能力的新型换流技术。

可控换相直流输电技术（CLCC）以晶闸管为主通流元件，串入低压大电流可控器件（IGBT），构成低损耗通流支路，且可实现电流主动转移，为晶闸管提供可控的反向恢复电压；并联高压小电流可控单元，可以短时承接从主支路转移过来的电流，为晶闸管提供足够的反压时间，并能主动关断电流实现强迫换相，避免换相失败。为了实现 CLCC 技术在特高压领域的应用，其主支路中的 IGBT 器件需采用 5000A 的器件，或者由 3000A 器件并联，综合考虑技术经济性确定。

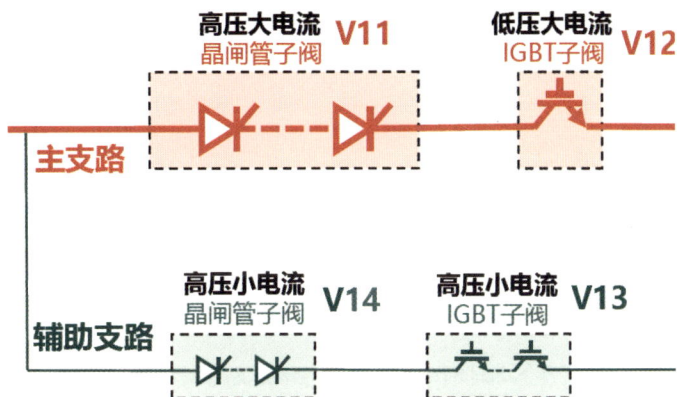

CLCC 换流器拓扑结构示意图

可控换相换流阀桥臂内 4 个子阀的电压、电流及耐受能力各不相同，需协调其开通关断时序；各子阀保护电压和强迫换相电压水平差别较大，需配置合适的避雷器保证极端工况下各子阀的安全。晶闸管和 IGBT 器件开关特性差异较大，需结合回路中杂散电感、缓冲电容、关断延迟时间等参数分析器件的大电流关断过冲应力，既要保证串联器件间暂稳态电压均衡，又要抑制关断大电流引起的电压过冲。

基于上述技术方法，相关设备厂家研制了 ±800kV/8000MW 可控换流阀样机，具体参数见下表。

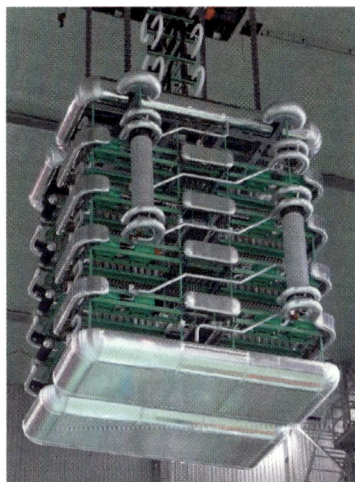

指标	参数
结构型式	悬吊双列塔
额定电压	±800kV
额定容量	8000MW
系统阻尼特性	同 LCC
短路电流耐受能力	> 55kA
关断电流水平	2.0pu
连续关断能力	200ms 内连续 10 周波
短时过负荷能力	1.2pu
阀厅适应性	可适应新建及改造工程
阀塔尺寸	6m×5.8m×13.2m
阀塔重量	22t

±800kV/8000MW 可控换流阀样机及产品主要参数

（图片来源：国网智能电网研究院有限公司）

特高压 CLCC 技术综合了 LCC 技术容量大、损耗低及 VSC 技术无换相失败的技术优势，可有效解决换相失败问题，未来可望在直流馈入密集区域、特高压工程改造中发挥作用。

2.1.4 构网型柔性直流输电技术

传统的柔性直流输电采用跟网型控制，采集并网点电压的相位基于锁相环进行矢量控制，表现为电流源特性，在电网强度降低的系统中容易出现小干扰失稳问题。随着大规模新能源占比的提高，电网中同步机比例逐渐下降，需开发可模拟同步电机运行特性的构网型柔性直流输电技术，实现功率传输的同时发挥柔直系统对电网的支撑作用。

构网型的柔直控制不依赖于锁相环，对外特性可等效为电压源，通过下垂控制、虚拟同步机控制等构网型控制策略自主产生内电势的幅值和相位，其中内电势的幅值由无功、交流电压控制环节生成；内电势的相位由有功功率、直流电压控制环节生成；产生柔直内电势的幅值和相位参考值后，经过交流电压控制和内环电流控制环节得到参考调制波。另外，还需要采用电压电流内环实现虚拟阻抗及故障下限流等功能。由于下垂控制不具备惯量支撑能力，所以构网型柔直多采用虚拟同步机控制，基于发电机机电暂态方程，模拟发电机的运行特性，可为系统提供惯量和阻尼环节。其中惯量时间常数的选取需结合理论计算和仿真分析综合而定。除了上述对控制策略进行优化外，还需要考虑一次设备性能的过流能力和能量来源，对一次设备进行必要的改造升级，以保证柔直构网型控制发挥惯量和电压支撑能力的作用。

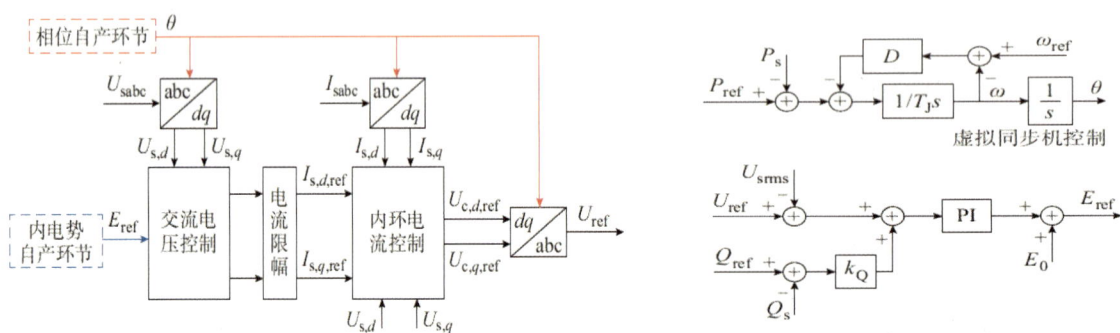

构网型控制策略框图

2023 年 7 月，张北柔直电网工程完成了构网型控制改造，这是构网型技术首次在高压直流工程中的应用，解决了双高等复杂场景下柔直送电的宽频振荡难题，大幅提升新能源孤岛电网的电压和频率支撑能力，提升绿电输送能力 30% 以上，助力张北柔直工程实现 4500MW 满功率运行，有效促进了新能源接入及送出，为新能源与柔直协同稳定运行提供了新的解决方案与示范。

2.1.5　SLCC 直流输电技术

随着直流工程的不断增多，常规直流输电技术送端过电压和受端电压稳定、交流滤波器和并联电容器占地大等问题不断凸显，换流变压器和交流滤波器断路器故障时有发生，多回直流同时换相失败的安全风险加剧，难以适应高比例新能源送出需求。柔性直流输电技术虽可有效解决新能源送出难题，但目前宽频振荡和大容量输电能力受限等问题依然存在。直流输电技术的发展步伐和新型电力系统建设美好愿景之间的矛盾较为突出，亟须研究并尝试新型换流技术。

基于上述背景，我国有关科研单位提出了基于静止无功补偿及滤波装置（Static Var Generator and filter，SVF）的多元换相器的直流输电技术 SLCC。SLCC 技术的基本换流单元由 6 脉动晶闸管 LCC 换流阀和阀侧直挂式 SVF 装置构成。其中，LCC 换流阀负责传输有功功率，其设计原则和常规直流保持一致。SVF 装置兼具动态无功补偿和有源滤波功能，采用三相链式模块化多电平结构，各相桥臂经电抗器星形连接，中性点不接地；采用空气绝缘、水冷却、户内安装方式；子模块为 H 桥结构，采用全控型功率器件；换流变网侧配置启动回路，由启动电阻和隔离刀闸、接地刀闸并联构成。

SLCC 6 脉动换流单元拓扑结构示意图

根据相关测试，在设备可靠性方面，SVF 装置的阀侧滤波功能可使流入换流变的谐波电流相较常规直流输电技术减少 45%，功率升降过程中送端分接开关的动作次数也会大幅减少，可有效降低换流站设备事故风险；在系统安全性方面，SVF 装置的无功支撑功能可保障直流系统在弱交流甚至孤岛系统中稳定运行，各类典型故障条件下送端换流站交流母线过电压将被抑制在 1.3pu 以内，并支撑受端低电压恢复；同时，SVF 装置能够有效支撑换流变阀侧电压，换相失败临界电压得到了降低，将大幅减少多直流馈入系统同时发生换相失败的概率；在环境友好性方面，SLCC

相比常规直流换流站可减少约 1/4 ~ 1/3 占地面积，同时换流站站界噪声水平也有所下降。

　　SLCC 输电技术兼具常规直流输电大容量、低造价和柔性直流输电高度灵活、结构紧凑等优点，已经核准的扬镇二期直流输电工程陵口换流站应用了 ±200kV/1200MW SLCC 直流输电技术，陵口站采用 2 个 6 脉动 SLCC 换流阀级联方式，经 Y-Y 型换流变分别接入晋陵及茅山分区；每极配置 1 套 152kV/300Mvar 的 SVF 装置，桥臂子模块采用 4.5kV/3000A 全控型功率器件。SLCC 技术在扬镇二期工程的示范应用，为直流输电工程技术选择提供了新的参考方案，未来在沙戈荒新能源基地送出、西南清洁能源基地送出、海上风电并网消纳以及城市直流输电等领域具备应用潜力。

2.2 交流输电技术

2.2.1 高海拔特高压交流输电技术

高海拔地区气候环境条件恶劣，具有气压低、含氧量低、日照时间长、紫外线强、风沙大、温度低、昼夜温差大等特点。复杂的地理和气候环境对电网建设与运行安全带来极大挑战。正在建设的川渝 1000kV 特高压交流输电工程，是目前海拔最高的交流特高压工程，变电站最高海拔约 3450m，架空线路最高海拔约 4750m。

川渝特高压交流工程建设现场

（图片来源：国网四川省电力公司提供）

设备外绝缘及最小安全净距直接影响工程设计、设备制造、工程建设等诸多方面，是工程设计需首要考虑的因素。高海拔条件下，由于空气稀薄，气压较低，空气绝缘性能会相应地降低，应对设备的外绝缘及典型的空气间隙进行修正。为了保证工程安全可靠、经济合理，需要在大量真型试验研究的基础上选取适当裕度来确定最小安全净距。基于相关科研单位的试验结果，川渝工程 1000kV 屋外配电装置、1000kV 架空线路的部分安全净距如下方列表所示。

表 2-1　甘孜变 1000kV 屋外配电装置安全净距（海拔 3500m）

适用范围	最小安全净距（m）
分裂导线至接地部分	7.7
管母线至接地部分	8.2
均压环至接地部分	8.6
分裂导线至分裂导线	14.1
管母线至管母线	14.2
均压环至均压环	13.2

表 2-2　川渝工程 1000kV 线路带电部分与杆塔构件最小间隙

最小间隙取值（m） 间隙类型	海拔高度（m）		
	4000	4500	5000
工频间隙（边相 I 串）	4.7	5.0	5.3
操作间隙（边相 I 串）	7.2	7.6	7.9
操作间隙（中相 V 串对上横担、侧边）	9.4	9.7	9.9
操作间隙（边相 V 串对上横担）	8.4	8.6	8.8
操作间隙（边相 V 串对侧边）	7.9	8.6	8.8

　　设备选型方面，综合考虑瓷绝缘和复合绝缘两种套管的现有制造能力、在外绝缘、抗震等方面的特点及在高海拔地区的运行经验，主变 1000kV 套管出线装置采用侧出式，外绝缘采用复合绝缘套管，内绝缘按采用环氧树脂浸纸电容芯体考虑，同时安装隔震装置提高抗震安全裕度；主变 500kV 套管考虑采用倾斜布置方案，以保证与高压套管间高海拔空气净距要求。1000kV GIS 套管按复合绝缘套管考虑。受大件运输条件限制，重达 370 吨的 1000kV 主变压器采用了现场组装技术，为此该工程建设了特高压工程首个可支持最多 3 台变压器同时组装的全封闭洁净组装厂房。

　　导线在高海拔地区更容易发生电晕。导线电晕将导致能量损失、电磁环境恶化。此外，电晕引起的绝缘材料劣化最终还将危害变电站的安全可靠运行。因此电晕特性和电磁环境问题在高海拔特高压工程导线选型过程中应被重点考虑。川渝工程特高压架空线路首次在海拔为 3000m ~ 4050m 的区段使用十分裂导线，导线型号为 10×JL1/G1A-630/55，分裂间距 450mm。与传统导线相比，十分裂导线能有效降低电晕和可闻噪声，保护生态环境，提高输电效率和稳定性。同时，十分裂导线能有效抵抗高海拔地区大风、覆冰等极端天气，安全系数更高。由于首次采用十分裂导线架设，无先例可借鉴，为降低安全风险、提高施工效率，部分工器具需要定制，如 "1 牵 5" 走板、5 轮放线滑车除油装置、滑车挂架、自动液压装置、多功能液压泵、压接管校直器和 1 线飞车等配套新设备。

　　高海拔地区气象条件复杂，部分地段覆冰严重，给架空线路安全运行带来巨大挑战。川渝工程特高压架空线路二郎山段途经 60mm 重冰区，覆冰厚度为特高压交流工程之最。由于传统的四条塔腿支撑结构难以满足线路覆冰后的荷载要求，因此本工程在 60mm 重覆冰段创新采用了一种八腿式门型塔，其构造简洁、承重能力强，横向刚度大、抗变形能力强，运行维护方便。2023 年 12 月，我国交流特高压工程首基八腿式门型塔组立完成，铁塔高 74m，总重约 404t，如下图所示。

川渝特高压工程 60mm 重冰区首基八腿式门型塔

（图片来源：国网四川省电力公司提供）

我国海拔超过 2000m 的地区约占全国面积的四分之一，清洁能源资源丰富亟待开发，因此高海拔特高压交流输电技术在未来具有广阔应用前景。这项技术发展的重要方向是提高电气设备、导线和金具等对高海拔地区自然环境和基础设施的适应性。另外，高海拔地区施工作业难度较大，窗口期短，劳动力相对匮乏，因此要充分考虑以机械代替人工劳力。

2.2.2 构网型 SVG 技术

静止无功发生器（ Static Var Generator, SVG ）是广泛应用在电网中的无功补偿装置，由电抗器、电容器以及 IGBT 等可关断电力电子器件构成的变流器等部分组成，通过实时调节电压幅值等参数来控制电路吸收或发出特定无功功率，起到电力系统无功补偿作用。传统的 SVG 采用跟网型控制策略，跟随电网波动被动输出无功，存在滞后效应会导致反调，存在加剧系统电压恶化的风险。

构网型 SVG 采用构网控制策略，不依赖锁相环与电网同步，在变流器控制中采用虚拟同步机或下垂控制等策略，构建独立的交流电动势，实现与同步机类似的电压源外特性，当系统电压发生突变时，能够自然激发瞬时电流，实现无延时的暂态响应特性和无功支撑。一次设备方面由交流进线开关、启动回路、连接电抗器、隔离 / 接地刀闸以及若干个 IGBT 功率模组单元组成，与传统 SVG 设备最大的区别在于，构网型的 SVG 采用了大容量的功率器件，具有较大的过流能力，在交流电压故障期及恢复阶段具备较大的无功支撑能力，以加快电压恢复速度。

构网型 SVG 在暂稳态性能上可比拟调相机，在造价、运维等方面更具优势，然而基于其自身的技术特征存在若干技术难点：1）电力电子变流器具备宽频控制与多时间尺度的特性，不同控制环间的相互耦合易引发低频振荡等稳定问题。2）构网型电力电子设备的故障特征迥异于传统电网，给传统继电保护系统带来挑战。3）交流场站往往配置多种型式的无功调节设备，构网型 SVG 如何与其他类型的无功源设备相互协调值得考虑。

构网型 SVG 拓扑结构及产品

（图片来源：南京南瑞继保电气有限公司）

2023 年 12 月，首套构网型 SVG 在新疆华电木垒 220kV 风电汇集站投运。2024 年 6 月 66kV 构网 SVG 在成都广都、玉堤 500kV 变电站投运。未来需进一步加强构网理论研究工作，优化工程解决方案，完善构网型 SVG 技术在大电网层面应用的相关标准体系建设，有力推动构网型 SVG 技术在新型电力系统中的发展。

2.2.3　海上风电柔性低频送出技术

随着海上风电场址逐渐向更远更深区域发展，对输送能力提出了更高要求，送出系统建设成本急剧增加，不同的输电方式对项目技术经济性有较大影响。由于海底电缆有功功率传输受限，工频交流输电超过 70km 时很难实现有效送出；而直流输电需要配备大型海上换流平台，在离岸

200km 内的海上风电送出场景下成本偏高。柔性低频输电由于其独特的技术优势,为中远距离海上风电送出提供了一种高效、经济的解决方案。

柔性低频海上风电送出系统拓扑结构如下图所示,将传统电网中 50Hz 的输送频率降低到 20Hz,风机以低频方式发电,经低频变压器升压汇集,通过海底交流电缆传输至岸上,再经过交 – 交变频站,把电能转换为工频电,并入交流电网。相比工频海上风电系统,降低输电频率使得电缆充电功率减小,传输能力增强。

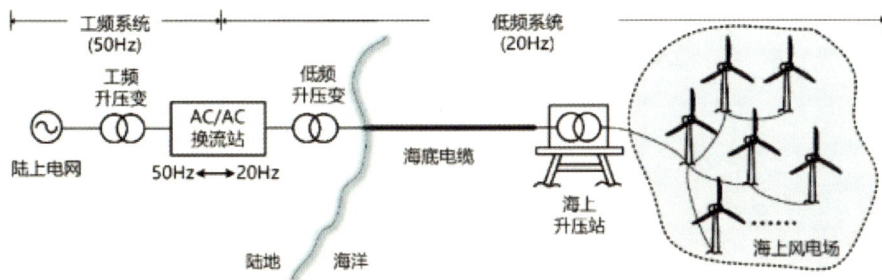

柔性低频海上风电送出系统拓扑结构示意图

2022 年投运的台州 35kV 柔性低频输电工程和 2023 年投运的杭州 220kV 柔性低频输电工程,验证了以低频技术大容量输送电能的可行性。柔性低频输电再添新军,目前已开工建设的华能玉环 2 号海上风电项目 220kV 送出工程采用 220kV 柔性低频输电技术,探索海上风电远距离大容量低频送出。

华能玉环 2 号海上风电项目位于浙江台州玉环市海域,距登陆点直线距离约 53km,容量 508MW。项目采用工频 / 低频混合送出方式,其中工频部分容量为 208MW,低频部分容量为 304MW,包含 19 台 16MW 低频风电机组,采用 220kV 柔性低频输电系统进行输送。风电场配套设置一座 220kV 工低频共建海上升压站,共有 8 回 66kV 海缆进线,其中工频 3 回、低频 5 回,经工频、低频升压变分别升压至 220kV 后,通过 1 回 220kV 工频海缆、1 回 220kV 低频海缆送至陆上计量站 220kV 母线后共同送出。

该项目将攻克低频系统运行控制与保护技术,研制出大容量低频风电机组、交交换流器、低频断路器、低频变压器等系列新装备,提出海上风电等场景下的典型系统方案,对我国在海上超大容量风电机组研制、柔性低频输电技术的发展具有重要意义。

2.2.4 快速开关型故障限流技术

随着电力系统不断发展,电网容量日益增大,局部电网存在短路电流超标问题。尤其是我国西北电网,负荷及网架结构呈现总体分散、局部集中的特征,交流环网的建成大大缩短了负荷中心的电气距离,大直流、大能源基地的集中开发使近区域装机规模成倍增长,导致短路电流超标问题突出，亟须研发经济高效的短路电流限制技术。

与限制电网运行方式、调整电网结构等限流方法不同，快速开关型故障限流技术，应用快速开关并联电抗器，通过开关的快速动作，投切电抗器进行故障限流。快速开关型故障限流器拓扑结构如下图所示，采用双断口冗余设计，主要包括快速开关模块、限流电抗、耦合电容以及控制保护装置。

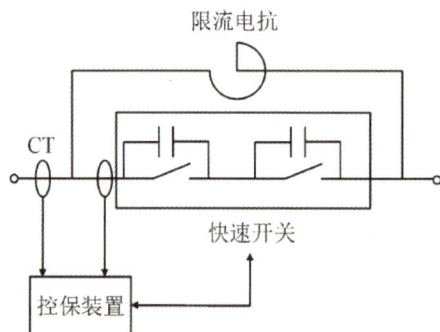

快速开关型故障限流装置拓扑示意图

正常工作时快速开关闭合导通电流，损耗低；故障时控制单元通过电流互感器检测到电流幅值、斜率等达到动作阈值后，向快速开关发送分闸指令，快速开关在几个毫秒内完成分闸动作，并在过零点后将电流转移至限流电抗器中，从而抑制故障电网对下级电网短路电流助增效应，大幅降低短路电流水平。短路电流检测判断时间最快小于 3ms，分闸时间小于 1ms，即使单个断口失效仍可有效限流。一、二次设备的深度融合实现故障发生后一周波内限流起效，在常规断路器断口还未分闸产生电弧前有效限制短路电流，降低了常规断路器的动作应力，确保故障可靠切除。

宁夏 750kV 贺兰山快速开关型故障限流器

（图片来源：南京南瑞继保电气有限公司）

快速开关型故障限流装置已在我国西北电网成功应用，为提高地区电网供电可靠性及电网断面潮流疏散能力创造了有利条件。

2.2.5　基于电力移相变压器的潮流控制技术

移相变压器（Phase-Shifting Transformer，PST）是一种只改变输入输出电压相位、不改变电压幅值的电力变压器，长久以来在欧美地区广泛应用。这是由于欧美地区电网由许多相互独立的电力公司组成，为了满足电网之间电力交换、增加电力供应可靠性、调整不同相角高压电网的连接、解决电磁环网潮流等方面的工程需要而大量采用。我国电网集中度高、统一调度，异步联网以直流背靠背为主，因此长期以来几乎没有应用此类变压器。

我国电网经过多年高速发展已形成巨大规模，结构形态日趋复杂，在供电可靠性不断提高的同时也带来了许多问题。系统实际运行时受新能源出力波动、网架结构、线路参数、运行方式等方面影响，可能存在线路潮流分布不合理的现象，部分线路重载而部分线路利用率低，从而限制了整体输送能力、影响电力系统安全和新能源的消纳。因此，价格低廉、性能可靠、损耗较低的移相变压器，作为一种有效的潮流控制手段，因其较好的调节性能、不改变网架结构、投资成本低等优势，逐渐在我国电网工程领域有了用武之地。

移相变压器可分为单铁心结构（直接调压）和双铁心结构（间接调压）两大类。单铁心结构移相变压器通常容量比较小，整体结构不复杂，调压绕组与有载分接开关直接连接到线端，按调压绕组设置方式不同可分为单铁心不对称结构、单铁心对称结构。双铁心结构移相变压器有两组器身，一个串联变压器和一个主变压器，可以灵活选择极电压和调压绕组电流；由于有载调压开关通过串联变压器与系统隔离，不再受到系统过电压及短路电流的直接影响，比较适用于高电压等级。

2023 年 7 月，我国扬州平安变输电移相器示范工程正式投运。项目研制了一台户外三相、有载调压、自然油循环自冷、分体式双铁心对称型移相变压器，额定电压 115kV，额定容量 110MVA，结构容量 15MVA，移相角度 ±8°，潮流调节能力 ±64MW。切换开关设置于移相变外部，空气绝缘，无油化设计。为了避免移相变压器检修或系统运行时无须进行功率调节的状况，移相变压器设置了旁路隔离开关。当需要移相变压器进行功率调节时，旁路隔离开关打开，潮流自移相变压器支路通过；当移相变压器检修或系统无须功率调节时，旁路隔离开关合上。移相变压器的控制系统采用分层控制结构，系统层主要包含合环控制、线路有功功率控制、站间功率平衡控制；设备层实现分体式有载调压开关的控制。

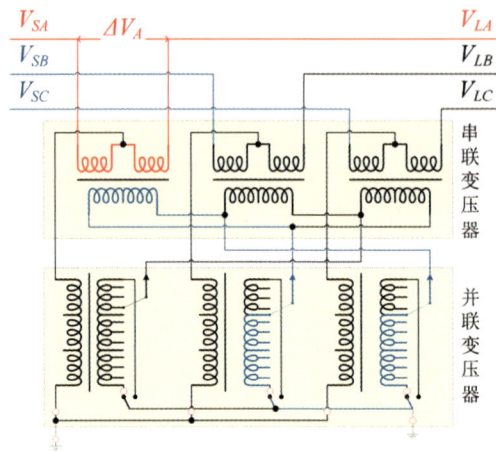

移相变压器拓扑示意图

通过加装移相变压器，实现了 220kV 平安变、安宜变的主变负载均衡运行，减轻了安宜变主变重载和平安变新能源功率上送问题。

2.3　电网数智化技术

2.3.1　高比例电力电子化电力系统继电保护技术

继电保护系统是电力系统必不可少的组成部分，担负着快速、可靠切除故障并保障电力系统安全运行的重任。高比例新能源、电力电子设备接入系统中，新能源及电力电子设备的弱支撑性和低抗扰性导致故障响应过程不确定性更强、连锁反应风险突出，对继电保护灵敏、快速、可靠切除故障提出了更高的要求；此外，随着电力系统的源、网、荷、储各环节电力电子设备的广泛应用，系统故障特征发生深刻变化，导致传统以同步机电源为根本、以线性叠加原理为理论基础的故障分析方法和继电保护动作性能受到严峻挑战，传统交流继电保护适应边界逐渐减少，保护动作性能严重下降。亟须研究适应高比例新能源、高度电力电子化、新型输配电形态快速演变特征的继电保护新原理与新技术。

近年来，不依赖电源特性的继电保护新原理获得广泛关注。以构建不依赖电源特性的保护原理为目标，寻找内部故障能表征被保护对象拓扑或参数变化的特征量，探索基于时域信息的模型、参数识别保护原理。由于故障发生后的波过程反映了线路储能的重新分布，行波特征仅与线路参数有关，与线路两端的电源特性无关。因此，利用行波特征识别故障有望成为逆变型电源激励电网保护实现的破局点。故障行波波前包含故障距离、故障严重程度（过渡电阻、故障时刻、故障类型）信息，充分利用行波波前信息可提升行波保护的灵敏度和可靠性。

此外，相比于同步旋转设备，由于电力电子设备的响应速度极快，通过电力电子设备的附加控制和信号主动注入，可实现保护与控制协同。利用换流器的故障控制策略向系统注入特征信号，使得故障特征较其他条件下更具差异性，进而提高故障识别的可靠性和灵敏度。该思路被国内外学者广泛接受，并应用于距离保护、纵联保护、测距式保护、后备保护、重合闸的研究中。这将是高比例电力电子化电力系统下继电保护发展的又一可行方向。

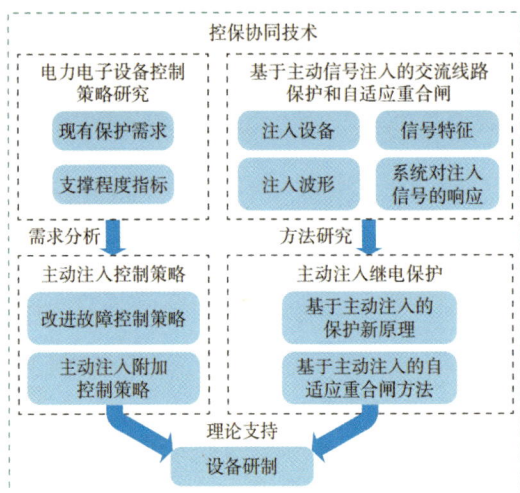

电力电子设备主动支撑保护需求的控保协调技术路线

2023 年 11 月，国家电网首批适应高比例新能源及电力电子设备接入系统的继电保护装置在江苏省投入试点运行，本次投用的线路保护装置采用基于暂态信息的自适应距离保护、快速时域距离保护和基于模型识别的纵联保护等原理，可望有效解决风机、柔直场景下传统继电保护装置误判难题，不仅发展和完善了新能源接入大电网安全防御体系，更开拓了未来"双高"电力系统主保护研究方向。随着高比例新能源及高比例电力电子化系统建设的不断演进，不同电源的聚合、新型输电方式的出现，故障规律分析和共性特征提取将更加困难，叠加运行方式灵活多变，构建适应高比例电力电子化电力系统的继电保护技术体系任重而道远。

2.3.2 区域型远程智能巡检技术

随着电力系统的快速发展和变电站数量的不断增加，变电站的巡检和维护工作量越来越大。然而，传统的人工巡检方式下，巡检人员需要耗费大量时间和精力，逐个区域巡检所辖变电站。这种巡检方式效率低下，无法满足日益增长的巡检需求，此外还存在漏检误检、无法及时发现设备的缺陷导致可能引发的设备安全隐患问题。因此，需要一种高效快捷、准确可靠的智慧巡检系统来提高巡检效率和降低安全风险。

区域型远程智能巡检系统由区域巡检主机、智能分析主机、摄像头、机器人、无人机等组成，在巡检时，运维人员在区域型变电站智能巡检系统中发起巡检任务，高清摄像头、机器人及采集终端会自动按照巡检点位依次对站内设备进行巡检，可实现所辖区域各个变电站的设备状态实时监测、故障精准判断、风险提前预警等功能。其中，区域巡检主机具备多个变电站的摄像机、声纹监测装置等巡检设备及边缘节点的接入能力，同时具备巡检任务下放、任务管理、巡检数据采集与接收、巡检监控、调用智能分析主机进行智能分析、报告生成及基础配置管理等功能。智能分析主机具备设备状态分析、设备缺陷分析、人员行为分析、系统安全分析等功能，支持从区域巡检主机获取待分析图像或音频文件进行分析。边缘节点是实现所在变电站摄像头、无人机、机器人、声纹监测装置等巡检设备接入的装置，能够接收区域巡检主机下发的模型和控制命令等，并负责调度对应的巡检设备，完成数据采集及上送；同时还具备静默监视图片筛选、智能联动以及巡检设备状态上送等功能。高清视频由各类摄像头组成，具备站内设备、环境、人员的实时监视、红外数据采集及录像存储和回放等功能。机器人巡检系统具备巡检任务调度及控制、巡检数据采集及上送、系统设备管理及监视、环境数据采集与上送等功能。无人机巡检系统主要用于站内高空构筑物、设备等可见光巡检、红外测温等，可按照制定的预设航线执行巡检任务，完成数据采集并上送等功能。

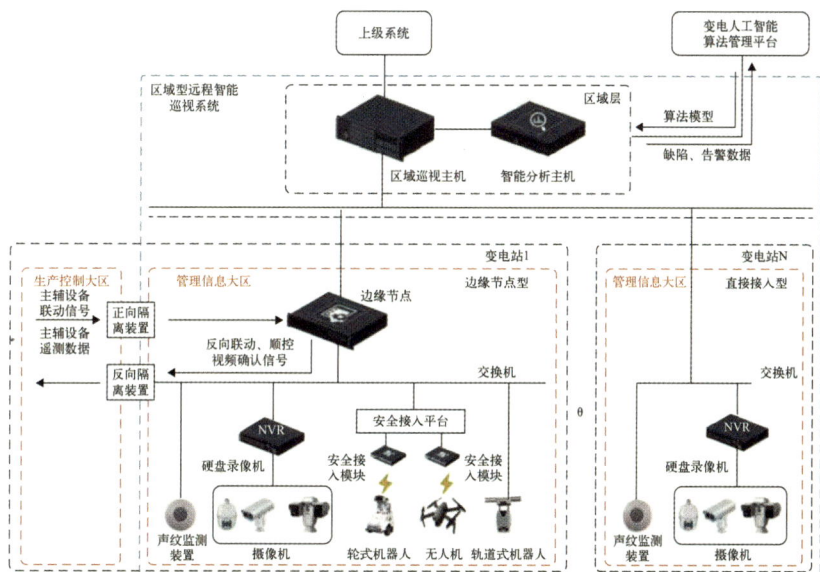

区域型远程智能巡检系统构架图

　　与传统人工巡视相比，区域型远程巡视系统弥补了人工巡视效率低、漏检误检率高的不足，同时结合各类传感器、探测器，可多角度监视运行设备，弥补了常规监控死角，实现对变电站室内外设备全方位、全自主智能巡视和实时监控。与单站型巡视系统相比，区域型远程巡视系统具有运维成本低、故障异常处置快、多个变电站可同时开展巡检等优点，有利于开展多站数据分析，进一步提高巡检质效。近两年来，山东、河北、浙江、宁夏、重庆市、上海市等电力公司陆续投入了区域型变电站远程智能巡检系统示范运行。后续区域型变电站智能巡检系统的应用范围将进一步扩大，不断提升变电站智能巡检覆盖率。

2.3.3 二次系统逻辑模型技术

二次系统的三维数字化是随着变电站三维数字化的推动而发展起来的。从 2010 年起，电网行业就开始积极地推动和应用三维数字化技术，这一阶段对电气二次屏柜和装置模型的几何细度、工程信息、属性细度等进行了规定，还对辅助系统包括火灾报警、蓄电池、预制舱等设备进行了建模要求，但主要问题是二次设备涵盖范围不全面；屏柜和装置的建模颗粒度比较粗，对于装置的板卡、端口以及端子排、压板、把手等附件未进行建模；通用设备库中二次设备类型少；也缺少精细化的二次模型。

基于上述原因，二次系统的三维数字化开始了进一步发展即二次回路的数字化。二次物理回路的数字化可分为两个阶段，第一阶段为光纤回路的数字化，以 2019 年发布的国家标准《智能变电站光纤回路建模及编码技术规范》（GB/T 37755）为标志，这一阶段的光缆回路数字化和光缆、光纤的智能标签相结合，主要目的是解决智能站光缆信息不可视化的问题，优化了运维手段，提高了效率。

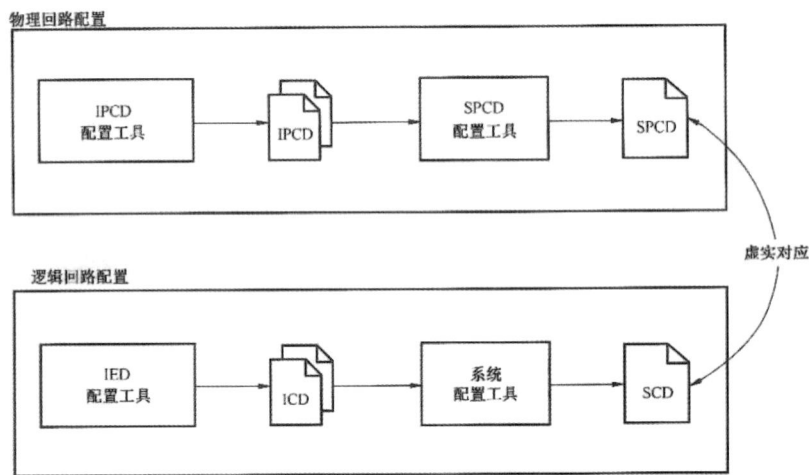

光缆回路虚实对应关系

如上图所示，光缆数字化回路模型通过配置智能设备板卡和端口信息形成 IPCD 文件，通过配置光纤和光缆信息形成 SPCD 物理回路配置文件，SPCD 文件和逻辑回路配置文件 SCD 通过装置和物理端口标识符实现光纤回路的虚实对应。同时，为便于交互，该规范还对光缆的编码进行了相应的规定。

第二阶段为二次全回路数字化，这一阶段在传统光缆建模的基础上加入相关实体的建模，包括装置、板卡、端口、端子排、把手、空开、压板、电缆等，明确了物理描述的设备层级，即站级（SPD）、屏柜级（CPD）、装置级（IPD）。为实现站端一次、二次系统之间的关联以及二次虚、实回路之间的对应，这一阶段还提出了逻辑模型的概念，逻辑模型包括系统拓扑描述模型和回路描述模型，系统拓扑描述模型由系统拓扑关系描述（STD）和系统拓扑图形描述（SLD）共同构成；回路描述模型由物理回路描述、虚回路描述（应用 DL/T 860 通讯协议时）等构成。同时要求逻辑模型中间隔、安装区域、设备的编码规则应遵循物理模型的编码规定，这样工程设备可通过检索相同的编码，实现逻辑模型和三维物理模型的关联映射。

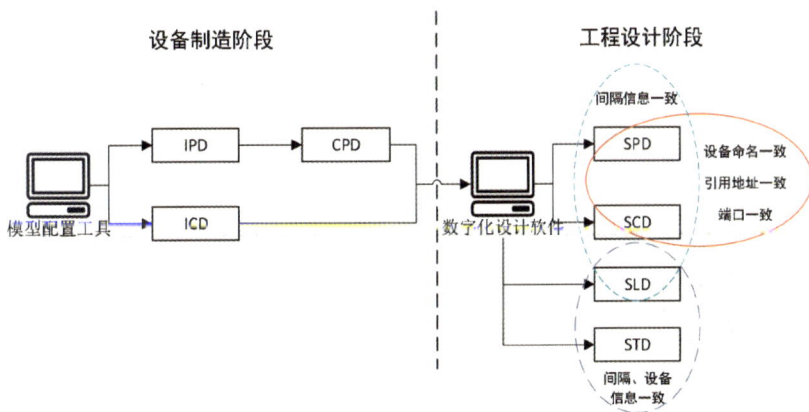

逻辑模型配置及交互流程图

逻辑模型配置及交互流程如上图所示，通过系统配置工具实现 SLD（系统拓扑图形描述）与 SPD（站级物理回路描述）、SCD（站级虚回路描述）文件的间隔信息关联和一、二次关联；通过系统配置工具实现 SCD（站级虚回路描述）文件与 SPD（站级物理回路描述）文件的虚实对应、光电互通，从而实现了完整的二次回路数字化。

目前，国家电网公司已依托二次系统三维数字化技术开展了三维数字化智能设计平台的研发和应用，以逻辑模型为基础开展智慧设计，实现二次系统全景三维数字化设计和移交，相关成果已在江苏南汤 220kV 变电站等工程进行试点应用。南方电网公司初期的二次回路建模主要依靠 Excel 表格的方式再借助简单的建模工具实现模型文件（SDD）的生成，并在广州、东莞等地进行试点应用。

2.3.4　二次设备在线监测系统技术

当前变电站二次系统无论从功能上还是数据分布上都存在着系统相互独立的情况，即每个二次系统都有独立的监测主站或者系统，不同的业务部门都局限于当前的业务数据，对于整体厂站端来说，数据较为独立和分散。由于变电站的二次设备数据无法很好地融合且重复采集，造成投资成本比较高，功能交叉重复或存在缺失，系统重复建设。

为解决变电站二次系统在线监测部分缺失、功能不全和方案不统一、主站端各成体系的问题，满足现场运行对二次系统在线监测的迫切需求，实现不同二次系统在线监测技术方案的统一，亟须开展二次系统在线监测优化设计技术，提出技术经济相协调的二次系统在线监测应用实施建议。在此背景下，集成优化的二次设备在线监测系统技术应运而生。

二次设备在线监测系统通过对全站二次设备、回路、网络报文的在线监测，实现变电站二次系统的在线监测、状态感知、故障研判和综合分析等功能。系统由采集单元、监测终端、网络设备及应用服务器构成，布置于安全 II 区。其架构如下：

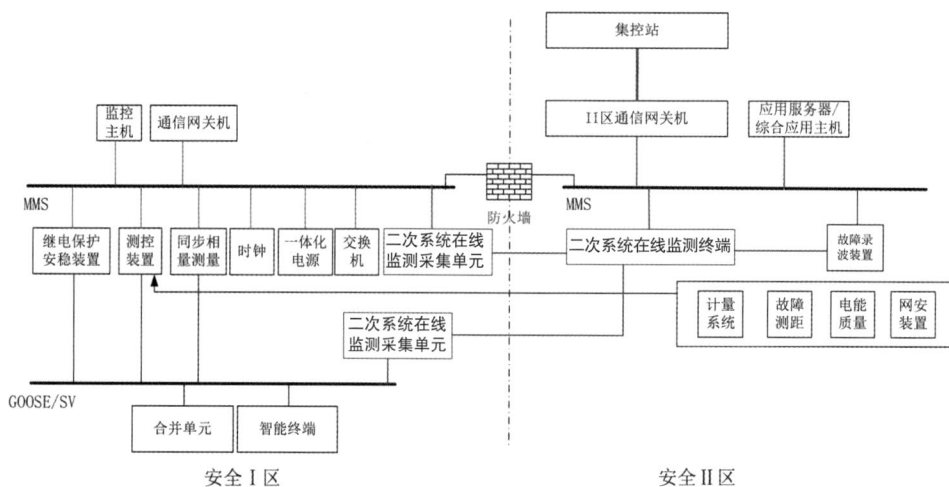

二次设备在线监测系统架构示意图

二次设备在线监测系统的实现基本功能包括二次设备状态监测、二次回路在线监测、网络报文分析，基本功能由监测终端实现。其高级应用功能包括保护动作分析、自动巡视、缺陷智能诊断、缺陷异常预警、链路缺陷断面分析、一二次不对应监视。高级应用功能部署于应用服务器中。

该项技术尚未在全国推广，目前仅在吉林、山东、江苏等地电网公司所辖范围应用，且建设功能并不完善。但长远来看，通过二次系统在线监测的集成优化设计，打通原各自独立的在线监测数据壁垒，实现数据的统一采集、存储和分析，是实现新型数字智能电网建设总体目标的必然趋势，是适应新型电力系统运行管理新模式下的必然要求。

2.3.5 高海拔高寒地区光缆状态监测应用技术

为实现碳中和、碳达峰目标，越来越多新能源装机在太阳能、风能、水能资源更为丰富的高海拔、高寒地区规划落地；随之而来的是更多高海拔、高寒地区输电线路光缆的建成。光纤复合架空地线（OPGW）承担地线和通信光缆的双重功能，其运行状态关系到输电线路本身和通信系统的安全。根据电网企业发布的相关统计：易导致 OPGW 光缆运行故障的高海拔、高寒地区环境主要如下表所示。

表 2-3　高海拔高寒地区环境特点及光缆故障类型

高海拔高寒地区地形气候特点	光缆故障类型
重覆冰	不均匀覆冰引起光缆过荷载
低温环境	光缆内油膏、金刚砂胶水、光缆接头盒等辅助材料发生性变，纤芯劣化
输电杆塔杆之间大高差	辅助材料发生性变，纤芯劣化；长期处于弧垂状态的光缆出现损伤
舞动	风力的作用下，光缆长时间与金具摩擦碰撞造成断纤
大跨越	较大的冲击力和不平衡张力下光缆中断
高雷暴	雷击烧熔断股

目前光缆状态监测主要采用仪表测试光缆衰耗辅助人工巡检法，传统运维方法耗时多、劳动强度大、成本高、监测精度低且实时性差。因此，除必要的纤芯衰耗检测工作外，使用新技术开展光缆状态监测预警及定位工作，可提高特殊地区光缆的安全可靠性。

光缆状态监测技术主要以分布式光传感技术或光纤物理编码为基础，并利用收集到的 OPGW 运营数据和光缆参数，构建 OPGW 光缆纤芯应变理论模型，明确 OPGW 光缆应变阈值范围，对将要发生的光缆故障进行预测和判断。

分布式光纤传感技术以普通通信光纤作为传感器和信号传输介质，具有长距离、海量监测点的特点，尤为适合内置通信光缆的 OPGW 的温度/应变、振动等参量在线监测。光纤物理编码技术将不同波长的光纤光栅按照特定规则进行排列，获得一个光纤光栅反射波长的组合。通过对不同波长组合进行物理编码，确定每一段光缆的唯一性标识。当某一段运行光缆的波长反射特性发生变化时，通过物理编码可获得其环境、运行质量、运行状态的异常数据。光缆状态监测系统对分布式光传感技术和光纤物理编码技术所测得的数据进行实时计算、分析，对事件的类型进行识别和训练，通过系统的预警模块产生相应预警并给出处理建议。通过长期的挂机测试，修正测试模型，提高测试准确度，实时告警。

分布式光传感技术的空间分辨率可能达到 2 至 4 级铁塔之间，而高海拔地区相邻铁塔间运维路程较长，故障定位的准确性要求更高。光纤物理编码技术分辨率更高，但需要在光缆制作阶段就刻入光栅，无法采集已运行的高海拔高寒地区光缆数据。从可靠性角度分析，刻入光栅的光纤芯，其抗拉强度有所变化，对高海拔高寒地区运维要求更高。在光缆数据可靠、精准、数据库规模足够大的前提下，光缆状态监测系统未来可与电网 GIS "一张图"系统、线路在线系统等建立数据共享，将本系统监测的相关信息与线路监测覆冰、杆塔倾斜、舞动、微气象数据进行对比分析，相互佐证，打造光纤网络数智化平台，实现数字智能管理、运行态势感知、物联感知、自动闭环、智能预警、光链路全寿命周期管理、资源优化配置、业务负载均衡等更全面的功能。

白鹤滩－浙江 ±800kV 特高压直流输电工程、西藏藏中和昌都电网联网工程 500kV 线路工程、西藏川藏铁路拉萨至林芝段供电工程 500kV 线路工程中均有分布式光传感技术设备投入应用。

2.3.6 小颗粒 SPN 通信技术

随着电力系统的不断更迭发展，电力业务进一步向 IP 分组化和宽带化演进，对通信接口、通信软硬件资源弹性扩展以及安全承载能力提出了更高的要求。

SPN 传输网络架构技术是我国在传输领域的整体原创性技术，其具备业务灵活调度、高可靠性、低时延、严格 QoS 保障等特性，SPN 网络融合了 L0 ~ L3 层技术，包括切片分组层（SPL）、切片通道层（SCL）、切片传送层（STL）、超高精度时间频率同步技术功能模块和管控一体的管理控制平面。小颗粒度承载技术是 SPN 的关键技术之一，在原分层模型基础上，在 SPL 层增加 CBR 业务，在 SCL 层增加细粒度单元（FGU），FGU 对原规范的 5G 通道隔离度作进一步时隙划分及复用，最终形成 10M 的小颗粒通道，故可在一张物理网络上实现 10M 颗粒度的硬隔离切片，从而为多种业务（2M ~ 10G 级别）提供差异化承载服务。

目前，电力系统的 2M 业务，如线路保护、精准负荷控制等仍使用 SDH 技术承载，而 SPN 理论上也可在标准以太网上提供类 SDH TDM 通道能力。国内电力企业相关应用如下：

（1）国网公司于 2021 年 3 月起，在山东电力开展了华为、烽火、中兴三个厂商 SPN 设备性能及安全测试，测试指标共分 12 大类、32 小类，包括多业务承载能力、QoS 功能和性能、分组同步能力等性能指标，以及网络保护功能和性能、设备保护、切片功能和性能等安全指标，并选取信息内网、视频会议等 5 类典型业务进行承载测试，测试结论如下表所示。2022 年 6 月，在通过充分技术测试验证后，在山东电力开展 SPN 规模化试点应用，进行"SDH+PTN"向"SDH+SPN"技术架构的转型，网络建设按照"100GE 核心层 +50GE 汇聚层 +10GE 接入层"三层结构，预计至 2025 年末投运约 880 套。2023 年，在泰安和日照地区利用现网环境测试 SPN 承载生产控制类业务，论证 SPN CBR 小颗粒技术承载继电保护业务和调度数据网业务的时延及网络稳定性，测试结果通过泰尔实验室认证及国内院士专家团队认可，SPN 切片网络及 CBR 小颗粒技术的关键指标达到国际领先水平。

测试项目	测试结果
业务承载能力方面	SPN 时延和抖动特性优于 PTN，与 SDH 接近
业务保护能力方面	各项保护倒换时间均小于 25ms
设备转发功能方面	端口速率 ≥ 50GE，支持最大 MTU 9600，最大容量均为 800G
设备保护能力方面	主备板卡倒换时间最大不超过 25ms，对承载业务无影响
分组同步能力方面	长期时钟业务偏差均在正负 15ns 以内

业务类型	业务运行稳定性（0-100%）	时延（硬切片）测试情况	抖动（硬切片）测试情况	LSP 线性保护能力测试情况
信息内网	100%	2.1613μs	0.07562μs	16.96ms
视频会议	100%	2.0824μs	0.07088μs	17.32ms
信息外网	100%	2.1667μs	0.07269μs	16.94ms
动环监视	100%	1.9864μs	0.07332μs	15.88ms
IMS 行政电话	100%	2.0794μs	0.07469μs	17.66ms

（2）南网公司曲靖供电局于 2022 年 12 月投产 SPN 网络，覆盖曲靖供电局本部、8 个县（区）级供电单位，84 座变电站，共计 93 个站点（94 套设备），实现综合数据网设备延伸至变电站、供电所、营业厅等末梢节点，核心层、汇聚层带宽为 100G，接入层带宽为 50G，开通了语音及视频会议专网切片（5G）、Ⅲ区业务切片（10G/20G）、Ⅳ / Ⅴ区业务切片（5G/10G 切片）、小颗粒业务切片（5G）等 4 个切片。

综上所述，SPN 网络的高带宽、低时延、小颗粒、智能运维等特点与电力通信网的发展方向契合度较高，拥有广泛的应用前景。下一步，需对 CBR 小颗粒技术承载电网生产控制类业务的安全隔离性能进一步论证和测试，适时推进 SPN 电力行业标准的制定。

2.4　配用电技术

2.4.1　中压直串型柔性交流互联技术

随着新型电力系统的发展，分布式新能源大规模接入配电网。当前配电网大多为闭环设计开环运行，不同供区之间负荷与能源交互困难，调节手段有限。大量分布式新能源接入导致局部供区存在规模化倒送以及跨区域输送的问题，同时局部供区存在负荷较重、主变过载问题。配电网亟须新型合环方式实现柔性互联。

目前应用较多的是采用 AC-DC-AC 的交直交变流器将两路电源的交流母线连接起来，实现背靠背的柔性合环，然而这种方式占地面积大，成本高，经济性较差。有研究提出采用基于电力电子器件的直串型柔性交流互联技术，其拓扑结构如下图所示。

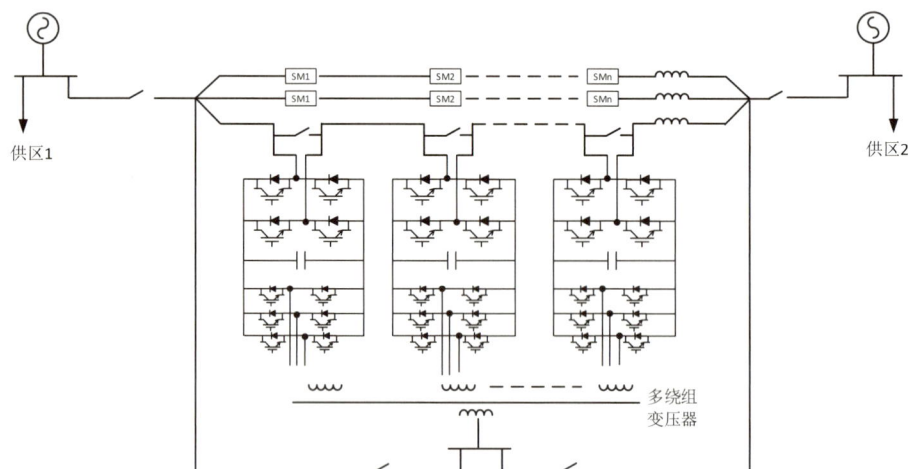

直串型柔性交流互联拓扑结构图

直串型柔性交流互联装置两侧接入两个交流母线，该技术拓扑包括三相换流链和多绕组变压器，每相换流链由多个全桥子模块、电容器和稳压单元构成的回路级联而成，全桥子模块直流侧与电容器并联，稳压单元为电容供能，由三相半桥电路或单相全桥电路构成，稳压单元交流侧连接多绕组变压器的副边，多绕组变压器的原边经隔离开关分别接于两侧的交流系统，或第三交流系统。通过调节直串型柔性交流互联装置的输出电压，改变实际施加在电抗器两端电压的幅值和相位，在电抗器上产生可调的电流，即可实现两段交流电源之间传输有功功率和无功功率的灵活调控。在实际运行中，可以按照指令实现两侧电网间的功率传输，如果仅是互联备用状态，则将功率指令设为 0 即可。如果一侧交流电网发生故障，直串型柔性交流互联装置可以采用短时闭锁的方式隔离故障，待清除后，恢复运行，实现故障穿越。

2023 年首个 20kV 直串型柔性互联装备在浙江湖州地区投运。据了解，该装置的运行，提升了区域 40% 供电能力，较同类设备节省投资 80%，有效解决了重载主变与轻载主变合环过程中的电压波动问题，大幅提升配网不同供区互济能力，促进了分布式新能源就近消纳。

2.4.2 新型直流融冰技术

直流融冰技术是从交流线路取电，通过电力电子变流器转化为直流并通入待融冰线路，利用电流的热效应对输电线路的覆冰层进行加热融冰。目前已投运的直流融冰装置大多采用二极管、晶闸管或者全桥子模块的模块化多电平变换器拓扑结构，在谐波性能、造价成本等方面具有一定的局限性。国内研究机构提出基于全控电流源型变换器 IGCT-CSC 的新型直流融冰技术，该技术采用脉冲宽度调制，具有较优的谐波性能，可为交流系统提供无功补偿，且体积小，成本低于 MMC 技术方案。

新型 IGCT-CSC 直流融冰技术拓扑结构如下图所示，采用三相拓扑结构，每相均由上下 2 个桥臂组成，每个桥臂由多只 4.5 kV 耐压等级集成逆阻型 IGCT 串联构成。另外，为确保融冰装置直流侧电感电流持续导通，设有续流二极管串，在融冰装置桥臂开路时仍能提供电感续流通路。

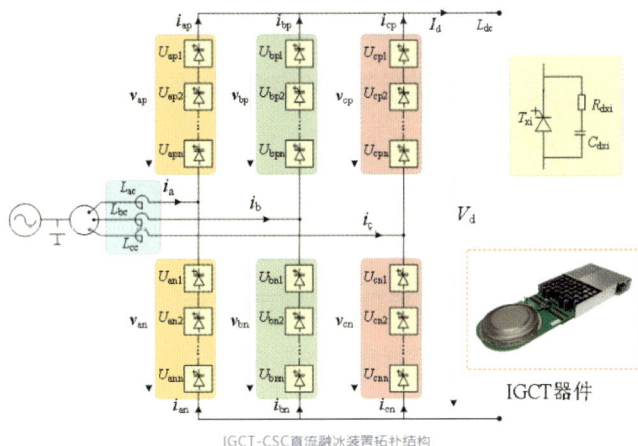

新型 IGCT-CSC 直流融冰拓扑图

融冰装置交流侧从交流电网取电，经 LC 滤波器、三相 IGCT-CSC 变换为直流，输出电流经自动换相刀闸通入远端短接的待融冰线路。由于待融冰线路为三相交流线路，融冰装置输出端仅有正、负 2 个端口，首先需要将待融冰线路的远端进行三相短接，然后自动换相刀闸按照一定的顺序将融冰装置轮流接入三相待融冰线路，检查三相待融冰线路均无断线等异常情况后，配合融冰装置在不同融冰模式下的自动启停，循环完成整个融冰过程。控制策略上，采用有功、无功双环解耦控制，根据网侧电压电流与融冰装置的有功、无功指令值计算最终得到开关触发脉冲，可同时实现了融冰功能和无功补偿功能。另外，还引入了虚拟电阻控制单元，可抑制高频谐波。

2024 年 2 月，首套新型 IGCT-CSC 直流融冰装置在贵州凯里开怀变电站投入运行。投运后，该地区线路多次出现覆冰，新型 IGCT-CSC 直流融冰装置能够准确识别线路覆冰，快速启动线路自动倒闸融冰操作，多次完成了线路融冰工作，确保了电网安全稳定运行。

2.4.3　电氢耦合直流微网技术

氢能具有无污染、无碳排放、单位质量能量密度大等优点，是未来有应用潜力的清洁能源之一。电氢耦合直流微网是指以直流微电网为中心，能够实现电能与氢能相互转化、高效协同的综合能源网络。采用直流微电网有利于风能、太阳能等分布式可再生能源大规模、高比例接入；电氢耦合有助于保持能源的生产、存储、消费环节动态平衡，实现系统高效稳定运行。

2023 年，宁波慈溪电氢耦合直流微网示范工程建成投运。该工程是国家重点研发计划配套示范工程，位于宁波慈溪滨海经济开发区，占地 12600 平方米。以"电－氢－热"综合能量管理系统为中枢，以 ±10kV、±375V 直流母线为主干网架，依托光伏、风电产生的绿电，支撑 400kW 的制氢机和 10 台 60kW 直流充电机运行。采用质子交换膜（PEM）技术制氢，冷启动时间短，动态响应性能好，功率可调节范围宽，在用电低谷时段可以将过剩的风电、光伏等清洁能源制氢存储，在负荷高峰时段再通过氢燃料电池发电，起到一定的削峰填谷作用。该工程配置了 3MW/6MWh 电池储能和 240kW 燃料电池，可在电网急需时短时支撑电网运行。工程投运后预计每年生产氢气 60 万标准立方米，助力新能源消纳超过 400 万 kWh，可满足每日 10 辆氢燃料电池大巴加氢和 50 辆纯电动汽车直流快充的需求。

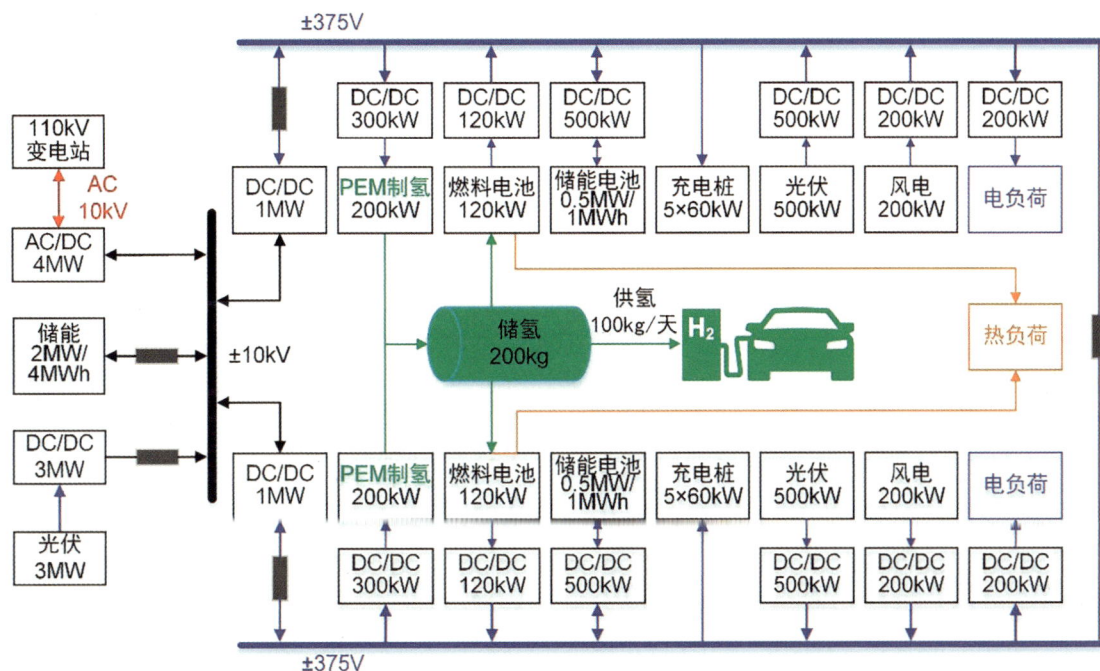

电氢耦合直流微网示意图

电氢耦合技术能实现氢能产业和电力系统的优势互补，为电力系统提供储能，平抑新能源出力波动，提升电网弹性，是对构建清洁环保、安全高效的新型能源体系的重要探索。目前，氢能相关核心技术、关键设备仍有待提升，部分设备所用关键材料仍依赖进口。例如：国内质子交换膜电解水技术所用贵金属催化剂用量高于国际先进水平，导致成本高昂；氢液化系统核心设备仍然依赖进口；燃料电池的综合效率、电堆功率和耐久性与国际先进水平存在差距。"电－氢－电"过程存在两次能量转换，整体效率仅有 40% 左右，与其他类型储能差距明显。另外，绿氢的制取成本仍然比较高昂，用于微电网场景下经济性较弱，商业模式有待进一步探索。

2.4.4　配网智能有载无级调压技术

有载调压变压器是保障电力系统电压稳定的重要手段之一，在配电网中有着广泛的应用，在诸如季节性、昼夜峰谷负荷变化大的场景使用效果较好。传统的基于机械式有载分接开关的有载调压变压器存在动作速度慢、电弧易烧毁触头、机械开关动作时间具有分散性、维护工作量大等问题。

近年来，大量分布式光伏、电动汽车充电设施等接入配电网，传统的电压调整方式，在技术上难以适应台区电压频繁波动的调压需求，配电网的安全可靠运行受到一定影响，电压调节手段亟须创新。配电网复杂程度提高，谐波、电压偏差、三相不平衡、电压暂降等电能质量问题愈发突出。随着近年来电力电子技术的快速进步，在配电网中利用电力电子装置进行柔性化改造升级、辅助完成有载调压的技术逐渐从理论构想发展为现实，其在解决燃弧问题、提高调压响应速度、实现自动控制方面都具有一定的优越性。

2023 年 7 月，依托现代智慧配电网试点示范工程，我国首台配网智能有载无级调压变压器在浙江投入运行。

智能有载无级调压配电变压器

（图片来源：国网浙江省电力公司）

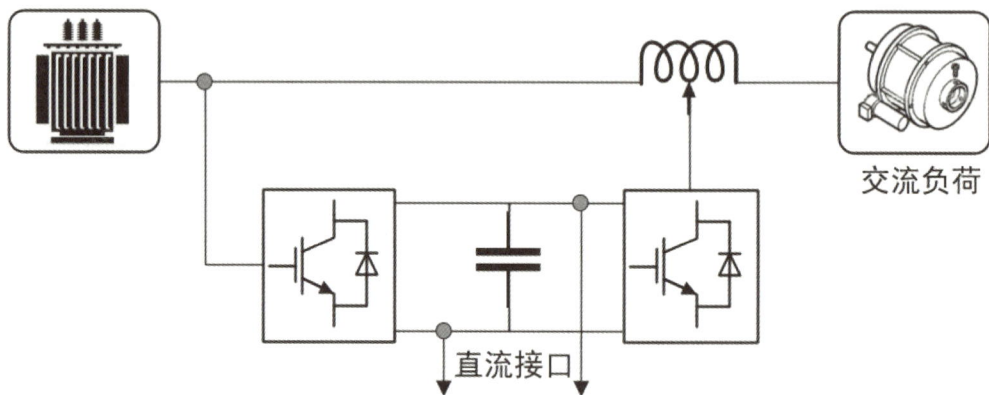

有载无级调压变压器原理示意图

与传统调压变压器相比，配网智能有载无级调压变压器应用电力电子技术，实现了台区电压有载无级精准控制，可在变压器带负荷的情况下智能调节电压，实现台区电压精细调控、无功补偿、谐波和三相不平衡综合治理，提升低压配电系统安全运行水平。这种变压器具备电压无级调控、无功自动投切和谐波主动抑制的优势，能够更好适应配电网快速变化、频繁波动的调压需求，有效缓解电压越限问题，提升分布式光伏并网消纳能力。该系统配备了灵活可扩展的多功能直流接口，支持充电桩、分布式光伏、储能装置就近接入，无须额外配置逆变器，可降低项目建设成本、提高整体能效水平、满足多元化供电需求。为方便运行维护，该系统配置了智能终端和相应的业务应用 APP，以实现设备状态的在线监测与运行模式策略的灵活部署。

2.4.5　快速开关型消弧选线技术

随着城市化进程的加快，架空线路由于占用空间大且影响市容等原因而逐渐被电缆线路替代，我国城市配电网电缆覆盖率大幅增加。电缆线路的对地电容大，接地电容电流大，给故障选线带来困难，电弧对故障点绝缘的破坏也更严重，弧光接地过电压很容易破坏相间绝缘，进而发展成为相间短路事故。因此，城市配电网必须研究采取快速有效的消弧选线措施。

快速开关型消弧技术是基于电压型消弧原理，以弧隙恢复抗电强度理论为基础，采用快速开关将单相弧光接地转换成母线处故障相稳定的金属性接地，实现接地故障的转移并钳制故障相恢复电压，使得故障相弧隙电压始终小于弧道介质的恢复强度，电弧将不会重燃。快速开关型消弧技术利用快速开关提高消弧装置的响应速度，在发生单相接地故障时，要求开关在尽可能短的时间内将弧光接地故障转换为稳定的金属性接地。目前快速开关型消弧装置采用基于涡流原理快速操动机构的机械式真空快速断路器，由抗高冲击真空灭弧室、涡流驱动机构和快速识别控制器等组成，当开关收到合闸（或分闸）命令时，分闸（或合闸）线圈中产生持续几毫秒的脉冲电流，励磁线圈在此脉冲电流作用下产生交变的磁场，同时金属盘因感应出涡流而产生电磁力。金属盘受到洛仑兹斥力的作用迅速运动，通过连杆驱动真空灭弧室的动触头动作，从而实现快速真空开关的快速分合闸。另外还需要配合故障判别和故障选相方法提高动作准确率，结合故障选线方法使装置功能进一步完善。

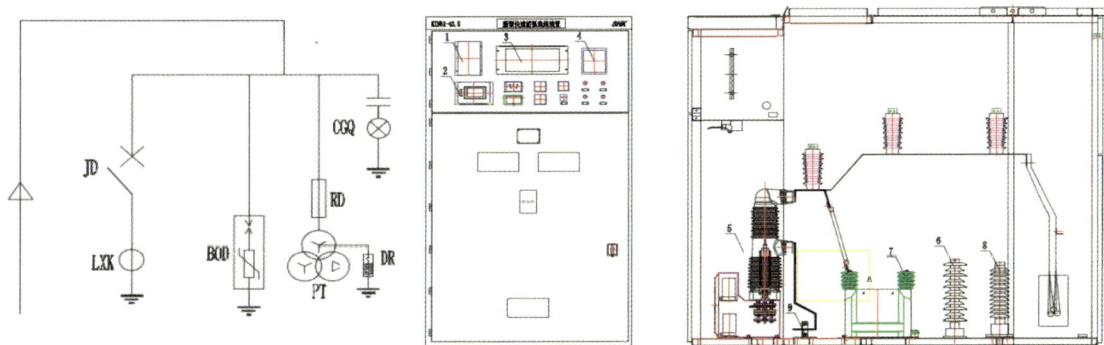

快速开关型消弧装置原理及结构图

快速开关消弧选线装置应用于 6kV ～ 35kV 中性点不接地系统。当系统发生单相接地故障时，分相快速开关主动将故障相接地，将原有故障点电容电流转移到分相断路器主动接地点，故障相的对地电压下降到接近于零，原故障点的电弧熄灭。快速开关型消弧装置不仅可解决传统电流型消弧方式，对应工频电容电流消弧效果有限、可靠性低等难题，而且，还可以消除高频电容电流所产生的接地电弧。因此，快速开关消弧选线装置已广泛应用于电网、钢铁、化工等行业，特别适用于系统电容电流较大的新能源光伏风电场站。

2.4.6 车网互动技术

2023 年我国新能源汽车产销量占全球比重超过 60%，连续 9 年位居世界第一。截止到 2023 年底，我国新能源汽车保有量达 2041 万辆、充电基础设施累计达 859.6 万台。预计至 2030 年，中国新能源汽车保有量将达到 8300 万辆，等效储能容量将达 5TWh，充电需求将占全社会用电量的 6%~7%，最大充电负荷将占电网负荷的 11%~12%，急剧增加的充电需求将给配电网基础设施带来巨大压力。

车网互动（Vehicle to Grid, V2G）是一种实现新能源汽车与供电网络的信息流、能量流双向互动的技术体系，可以有效发挥动力电池作为可控负荷或移动储能的灵活性调节能力，无论对于减缓配电网的建设压力、满足用户的充电需求，还是对于电网调节资源的增加、新能源消纳能力的增强都具有重要意义。车网互动主要包括智能有序充电、双向充放电等形式，可参与削峰填谷、虚拟电厂、聚合交易等应用场景，为新型电力系统高效经济运行提供支撑。

充换电设施是支撑良好车网互动的基础。充换电设施可分为交流充电、直流充电、无线充电以及换电设施等类型。为使新能源汽车的动力电池组与各层级能量管理系统间实现能量交互，充换电设施应具有双向 DC/DC 变换或双向 DC/AC 变流的基本拓扑结构。交流充电设施的充电功率通常较小，可以对动力电池进行深度充电，对电池寿命和对电网的影响较小，不过存在充电时间较长的缺点。交流充电设施通常应用于居民区、单位停车点等对充电时长要求不高的场景，可配备车载智能互动充电机，以分布式形式与电网互动。直流充电桩的充电功率较大，具有充电效率高、时间短的优势，但是对于汽车动力电池电压和功率的要求较高，短时大功率充电也会给电网带来较大冲击。直流充电桩位置相对固定，可采用集中式车网互动模式。无线充电实施根据运行场景的不同，可分为静态（固定式）、动态（轨道式）无线充电技术，车与桩之间非直接接触，充放电有一定便利性。换电模式通过机械臂给换电站内的新能源汽车更换电池，车网能量交互基于动力电池组的移动中介。

我国近年来开展了多样化的车网互动相关示范和实践探索，在理论验证、装备研发、创新改进、市场机制和政策支持等方面取得了成效。例如，无锡 e-Park 车网互动示范中心于 2023 年 7 月投入商用。该项目占地面积 14514 平方米，融合光伏、储能、充电、放电多功能场景，建有 60kW 直流充放电机 50 套，可实现最大放电功率 3MW。新能源车主可通过 V2G 充电桩向电网反向放电，获得相应积分，后续可兑换充电权益。所放电量将进入无锡市级虚拟电厂平台，满足居民住户的用电需求。后续还将建设二期工程，增加液冷超充、移动充换电、车桩检测等设施，可一次性满足144 辆车的充电需求、50 辆车的放电需求、400 辆车的换电需求。

无锡车网互动示范中心

（图片来源：国网江苏省电力有限公司）

当前我国车网融合互动新型产业生态尚在萌芽阶段，关键技术和相关标准体系尚不完善。根据《国家发展改革委等部门关于加强新能源汽车与电网融合互动的实施意见》，未来需重点攻关的核心技术有：动力电池关键技术，在不明显增加成本基础上将动力电池循环寿命提升至 3000 次及以上；高频度双向充放电工况下的电池安全防控技术；高可靠、高灵活、低能耗的车网互动系统架构及双向充放电设备技术；光储充一体化、直流母线柔性互济等电网友好型充换电场站关键技术；海量分布式车网互动资源精准预测和聚合调控技术；车网互动信息交互与信息安全关键技术等。

第 *3* 章

电网工程新设备与新材料

3.1　直流设备

3.1.1　国产特高压直流高速开关

特高压直流高速开关是实现多端直流系统故障快速隔离及第三站在线快速投退的关键设备，对系统柔性、可靠性至关重要。

当前，国内外特高压直流高速开关主要有单柱双断口和双柱四断口等型式。单柱双断口特高压直流高速开关由两个串联且气路相通的灭弧室单元、绝缘支柱、操动机构等部件组成。国外单柱双断口特高压直流高速开关采用 2 台弹簧操动机构的串联，可满足单次储能实现 2 次合分的要求；国产单柱双断口特高压直流高速开关采用 1 台液压碟簧操动机构，可满足单次储能实现 2 次合分的要求，大大减小了设备传动链复杂度，提高了设备可靠性。双柱四断口特高压直流高速开关由 2 台单柱双断口设备通过端子外部串联而成，绝缘气体气路完全分离，占用空间大，在工程应用方面受换流站空间尺寸限制。

国产单柱双断口特高压直流高速开关

（图片来源：中国南方电网超高压输电公司）

2023 年 11 月 25 日，国产首台单柱双断口特高压直流高速开关通过交接试验，正式在柳州换流站极 1 极母线位置带电运行，自投运以来运行情况良好，其技术参数见下表。

表 3-1　国产首台单柱双断口特高压直流高速开关技术参数

序号	项目		单位	参数值	
1	温升试验		A（DC）	6930	
2	绝缘试验	a) 直流耐压（湿试）端对地	kV	1386（60min）	进行 2km 海拔校正试验
		断口间	kV	1400kV（60min）	
		b) 操作冲击 端对地	kV	1600	
		断口间	kV	1175	
		c) 雷电冲击 端对地	kV	1950	
		断口间	kV	1675+550	
3	小直流电流开断能力		A	50（2kV）	
4	机械寿命		次	10000	
5	闭锁压力（SF$_6$）		MPa	0.33	
6	燃弧耐受电流		A（DC）	4000	
7	年漏气率		%/ 年	≤ 0.1	
8	防护等级		/	IP65	
9	经济性		万元 / 台	400	

对于单柱双断口特高压直流高速开关，已经实现了零部件全部国产化，目前我国多家大型开关制造企业已具备相应的制造能力。设备可广泛应用于需要在线投退或直流线路故障需快速隔离第三站的多端直流输电工程，户内、户外均可使用，市场前景广阔。其关键技术可应用于 ±800kV 及以下电压等级直流高速开关产品中，在海上风电和城市柔性直流电网等领域具有广泛的市场应用前景。

3.1.2　国产 ±800kV 特高压换流变真空有载分接开关

有载分接开关是特高压直流输电换流变的核心组部件，由于较高的技术壁垒，该产品在我国特高压直流工程的应用中长期被国外产品垄断，是输变电设备制造领域少数长期受制于人的"卡脖子"设备。

为了攻克这一技术难题，2020 年国资委下达"1025 工程"专项任务，国家电网公司设立"特高压变压器有载分接开关"研究框架。2021 年国家重点研发计划"储能与智能电网专项"，设立

"换流变压器有载调压分接开关技术及装备"揭榜挂帅榜单项目，开展产学研用攻关，攻克了有载分接开关的核心技术，成功研制了产品样机并实现了工程应用。CHVT 型真空有载分接开关主要技术参数如下。

表 3-2　CHVT 型真空有载分接开关技术参数

序号	指标				技术参数
1	最大额定通过电流				1500A
2	额定频率				50Hz,60Hz
3	最大额定级电压				6000V
4	额定级容量				6000kVA
5	相数				三相
6	设备最高电压等级				72.5kV
7	承受短路能力		热稳定（3s）		20kA
			动稳定（峰值）		51kA
8	绝缘水平	切换开关	对地	工频（50Hz，1min）	140kV
				冲击（1.2/50μs）	350kV
			级间	工频（50Hz，1min）	40kV
				冲击（1.2/50μs）	130kV
		分接选择器	对地	工频（50Hz，1min）	140kV
				冲击（1.2/50μs）	350kV
			最大最小分接间	工频（50Hz，1min）	180kV
				冲击（1.2/50μs）	670kV
9	分接选择器绝缘等级				E 级
10	最大工作位置数				31
11	机械寿命				150 万次
12	免维护次数				30 万次
13	切换开关油室		工作压力		0.05MPa
			密封性能		0.1MPa，24h 不渗漏
			油流继电器		整定流速 3.0m/s±10%
14	电动机构				CMA7

　　CHVT 型分接开关采用分体式的布置方式，将切换开关置于独立油箱，与变压器主体隔离，从而降低甚至消除开关故障对变压器造成的危害，有效避免了进口产品的相关设计缺陷；分接选择器依旧安装在变压器主油箱中，便于同调压线圈引线连接；2 个油箱之间配备一个"穿墙套管"，用于切换开关和分接选择器的引线连接。

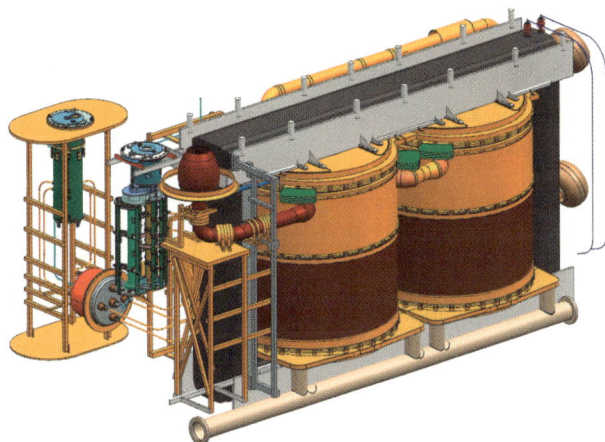

CHVT 型分接开关分体式布置图

（图片来源：上海华明电力设备制造有限公司 / 西安西电变压器有限责任公司）

2024 年共有 7 套产品应用在"陇东 - 山东 ±800kV 特高压直流输电工程"，目前已完成了其中 6 套的出厂试验，试验情况良好。

特高压分接开关的核心技术突破与自主化产品的成功研制，对于激发电力行业科技创新活力、提升相关企业自主创新能力具有重大促进意义和示范效果，将全面提升我国电工装备企业技术水平和生产制造能力，加速实现高端装备全产业链自主可控，促进我国由电力装备"制造大国"向"制造强国"升级。

3.1.3　±525kV 超大容量直流电缆

目前，我国交流 500kV 及以下等级电缆已应用于国家重大电网工程、海上风电等新能源、中海油石油平台等工程项目中，技术成熟度较高。直流电缆起步较晚，同时受限于直流功率器件的造价高昂，直流电缆工程发展缓慢，影响了直流电缆技术的发展，近些年才逐步提速，相继完成了 ±160kV、±200kV、±320kV、±400kV 高压直流电缆的研发，并分别于广东南澳三端柔性直流工程、浙江舟山五端柔性直流工程、福建厦门柔性直流工程和江苏如东海上风电柔性直流输电工程中投运。

2021 年张北柔直工程中都换流站附近正极安装了一根 535kV 直流电缆，型号为 DC-YJLW03-Z 535kV 1×3000mm²，其结构如下图所示。该电缆截面大于以往常用规格，导体采用型线铜丝绞合结构，紧压系数提高到 96% 以上，同等截面下导体直径更小。绝缘采用国内自主研发的交联聚乙烯材料，开启了高端直流绝缘材料的国产化之路。

±535kV 国产绝缘料直流陆缆结构图

（图片来源：宁波东方电缆股份有限公司）

表 3-3　±535kV 国产绝缘料直流陆缆材料对照表

序号	材料名称
1	阻水铜导体
2	半导电特多龙带 + 聚酯带
3	导体屏蔽
4	XLPE 绝缘
5	绝缘屏蔽
6	半导电阻水带
7	皱纹铝套厚度 + 轧纹深度
8	防腐层
9	聚氯乙烯外护套
10	挤包半导电层

　　2023 年，我国自主研发的 ±525kV 直流海缆完成研发，并计划在三峡能源阳江青州五、青州七海上风电场项目中作为柔直送出线路主通道应用。两风场电能汇集后通过一回路直流海缆送出，路径长度约 91km，额定电压 ±500kV，额定电流 2000A，海缆型号为 DC-HYJQ41-F ±500 1×2500+2×8(4SM+4MM)，其基本结构如下图所示。

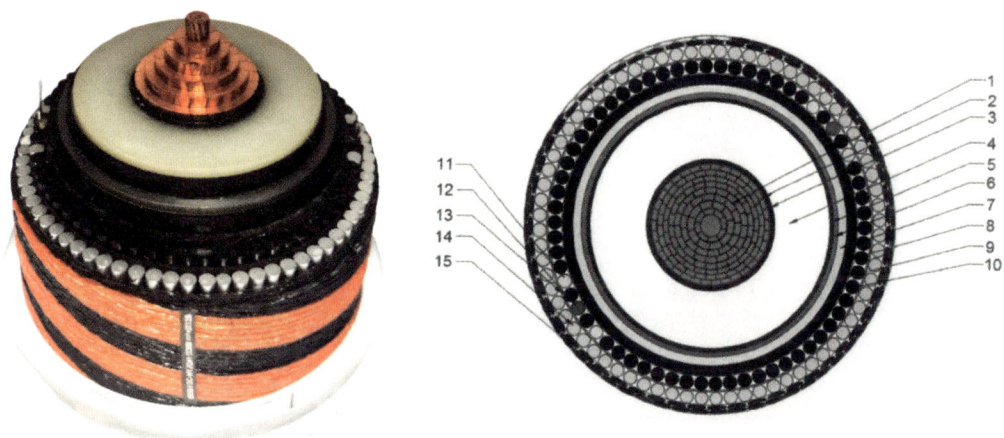

⊥525kV 直流海缆结构图

（图片来源：宁波东方电缆股份有限公司）

表 3-4　±525kV 直流海缆材料对照表

序号	材料名称
1	阻水铜导体
2	半导电阻水绑扎带
3	导体屏蔽
4	XLPE 绝缘
5	绝缘屏蔽
6	半导电阻水带
7	铅套
8	PE 护套
10	PE 填充条
11	铝合金丝
12	光缆
13	尼龙水布带
14	钢丝 + 沥青
15	外被层

　　海缆采用单芯结构，导体通过铜型线绞合而成，内部灌注半导电密封胶实现导体阻水。绝缘采用直流专用交联聚乙烯材料，长期运行允许最高温度 70℃，允许工作温度下材料电导率随温度变化曲线平缓，空间电荷效应不明显。光单元布置在 PE 护套和铠装钢丝之间，周围设置合金丝和填充条对光单元进行支撑防护。该项目海缆直径约 174mm，单位重量约 76.5kg/m，91km 全长度

重量约 7000t。可采用海缆中间分段设置现场接头、边敷边埋的传统施工方式，或者海缆两极同敷、先敷后埋的新型施工方式。两极同敷、先敷后埋的施工方式可使用 20000t 载缆量的东方海工 07 号双托盘敷设船先行抛缆，后续使用大马力水下 ROV 后冲沟实现海缆深埋。该方式大幅加快了海缆敷设速度，缩短了海上连续作业时间，避免进行海上现场接头作业，大大提高海缆可靠性和海上作业安全性。

东方海工 07 号海缆敷设船

（图片来源：宁波东方电缆股份有限公司）

目前我国广东阳江三山岛、福建长乐外海、浙江苍南 Z15、上海深远海等海上风电柔直送出工程处于可研或规划阶段，±525kV 超大容量直流电缆市场前景广阔。

3.1.4　高温超导低压直流电缆

长江三角洲地区用电量居全国之最，随着经济的发展，电力需求不断增长，单纯的增加电网密度与趋于饱和的城市空间现状相悖。如何提高能源传输效率、优化通道资源配置，成为苏州乃至长三角能源转型升级的关键课题之一。当采用电缆传输电能时，由于电阻耗能，一部分电能会以热量的方式被浪费。超导电缆因其零电阻特性，可有效提高电力传输效率、降低电能损耗，成为这一问题的有效解决方案。

直流超导电缆与交流超导电缆相比，电能传输产生的能量损耗会进一步降低。据相关文献数据显示，交流高温超导的损耗在 3%~4%，而直流超导电缆的损耗只有 1%~2%。超导电缆本体主要包含通电导体、低温杜瓦管及电缆终端三部分，其中通电导体是超导直流电缆的关键核心部件。

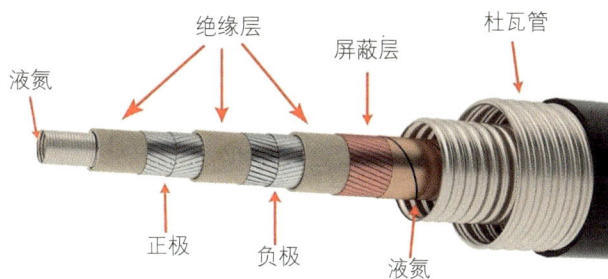

电缆内部结构图

（图片来源：江苏苏电传媒有限公司）

近期，钇钡铜氧（YBCO）第二代高温超导带材实现超导电缆系统核心材料的国产化替代。这种材料损耗低、承载电流能力强，从而将载流能力提升全 4500A。在结构上，电缆在国内首次采用正负极同轴的方式，相当于 2 根电缆合二为一，是目前结构最紧凑的超导电缆。

高温超导低压直流电缆目前已成功应用于苏州高温超导直流电缆示范工程。该示范工程在吴江同里中低压直流配电网的基础上，建设一条总长 180m 的高温超导直流电缆，连接起 10kV 庞东直流中心站和附近厂区直流配电房。这条电缆设计电压为 ±375V，载流量为 4500A，导体截面积为 90mm^2，与相同电压等级的常规 PVC 铜芯电缆相比较，截面积缩小到不足一半，输电能力却相当于 20 根常规电缆，且导体损耗只有常规电缆的十分之一。

国内首条高温超导低压直流电缆填补了我国在超导电缆低压直流系统的应用空白，与交流超导电缆相比，其电网线损降低约 70%，其技术为新型电力系统建设以及能源转型升级注入了强劲动力。高温超导直流电缆示范工程的建设为超导电缆在城市配电网系统的实用化应用奠定了基础，也为新型电力系统建设落地、城市绿色可持续发展提供了典型样本经验。

3.1.5　自主可控直流输电控制保护系统

直流控制保护系统是直流工程的"大脑"，其中核心元器件长期依赖进口，技术严重受制于欧美发达国家，成为直流控保领域长期面临的"卡脖子"问题。

我国研发团队积极推进直流输电领域的自主可控替代工作，基于交流控保领域丰富的自主可控研发经验，集中多专业进行攻关，快速完成了 PCS-9550G 自主可控直流控制保护系统的研制，并顺利通过了产品鉴定；其所有元器件百分百国产化，功能、性能与目前主流直流控保系统相当，部分核心指标居于国际领先水平，其主要参数如下。

表 3-5　自主可控直流输电控制保护系统主要参数

指标	技术参数
最快程序执行周期	10us
背板总线速率	5Gbps
触发不平衡度	≤ 0.01°
冗余系统切换时间	0.2ms
直流功率控制精度	0.025%
直流电流控制精度	0.013%
元器件国产化率	100%

　　PCS-9550G 自主可控直流控制保护系统采用全国产化软硬件，实现了直流输电控制保护系统全套功能，性能、可靠性满足要求，攻克了"卡脖子"技术。该系统充分考虑了直流输电高性能和高可靠性的要求，遵循现有系统的分层结构和冗余设计原则，继承已有成熟的控制保护程序逻辑，并对关键点进行了优化创新提升，性能优异，成功应用于葛南直流、江城直流改造工程中。现场运行情况表明：自工程投运以来性能稳定，运行良好，功能完善，界面友好，操作简单，各项性能指标均满足要求。

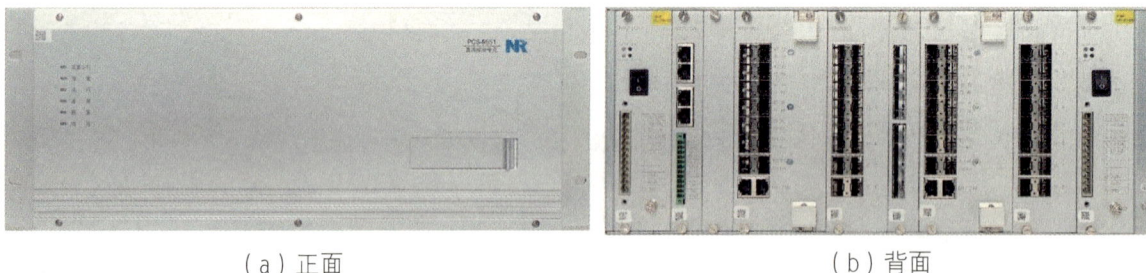

（a）正面　　　　　　　　　　　　　　（b）背面

PCS-9550G 自主可控直流控制保护系统主机

（图片来源：南京南瑞继保电气有限公司）

　　自主可控直流控保系统的成功应用，大大提升了整个直流输电领域的自主化程度，增强了国内电网二次系统的安全自主可控能力，为电网的长期安全稳定运行提供了坚强保障。

PCS-9550G 自主可控直流控制保护系统

（图片来源：南京南瑞继保电气有限公司）

3.2 交流设备

3.2.1 直接出线式特高压交流变压器

目前，我国在运、在建的 1000kV 特高压交流工程变压器高压出线均采用间接出线方式，出线装置设置在油箱外部升高座中，从油箱中部引出与变压器油箱外壁相连，套管尾部插入出线装置中。相比于 750kV 及以下电压等级的高压变压器，特高压变压器内部高场强区域激增，运行过程中一旦高压升高座内部发生电气故障，容易引起变压器燃爆事故。随着特高压工程大规模建设，系统对于变压器的故障保护能力和运行可靠性提出了更高的要求，需要进一步优化特高压交流变压器出线方式以提升其可靠性。

在上述背景下，我国研发团队基于间接式出线国产特高压出线装置研制成功的基础上，进一步开展直出式出线装置绝缘结构设计方法和结构优化的研究，创新研究 1000kV 交流直出式出线装置的关键结构形式及结构布局，明确工作场强许用值。2022 年 10 月，保变电气自主研制成功国内首台 1000kV 直出式特高压交流变压器。

1000kV 直出式特高压交流变压器样机

（图片来源：天威保变（秦皇岛）变压器有限公司）

设计结构方面，直接出线高压升高座位于箱盖上，遇到极端故障时，箱盖破裂只会造成本体油少量外泄，影响较小；而间接出线高压升高座开孔位于油箱侧壁中央，与变压器油箱外壁呈"烟袋"形状相连，当升高座区域发生故障时内部压力无法及时传递，容易发生机械失效，进一步导致泄漏大量绝缘油，加剧燃爆事故的影响。

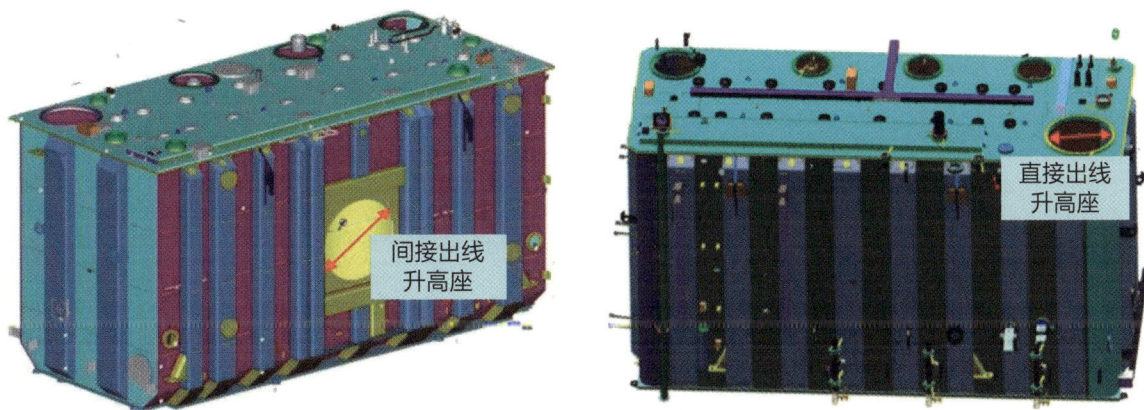

不同出线方式高压升高座开孔位置示意图

（图片来源：中国电力科学研究院）

设备运输方面，直接出线装置在油箱内部，随本体整体运输，运输速度较慢，运输过程中加速度和冲撞整体可控；间接出线装置需专车独立运输，装置重量轻，容易出现出线装置受损的情况。

安装方式方面，直接出线装置由于已在厂内完成安装，安装现场只需在油箱顶部安装升高座和高压套管，操作方便，安全可靠性高；间接式出线装置需现场安装，安装时易导致套管受损，且材料暴露时间长，设备受潮风险较高。

相较于间接出线方式，直接出线的特高压交流变压器具有防爆性能提升、出线区域场强低、出线装置支撑强度高、运输过程安全可靠、现场组装和转运简单安全等技术优势。但目前，直接出线的出线装置经旁轭后由箱盖直出，旁轭、油箱内表面、上夹件等位置局部场强较高，存在一定的运行风险，且制造过程较间接式变压器更为复杂，需要进一步加强相关技术的研发与应用，增强特高压交流变压器的防爆性能。

3.2.2　550kV/8000A GIS 设备

随着我国经济的快速增长，全国范围用电量保持了较高增速。在此过程中，输电线路不断增多，输电走廊日趋紧张，土地审批越来越严格，密集走廊问题突出，架空输电走廊在较多经济发达地区已成为制约电网建设的主要因素。为缓解上述问题，在电网建设中需要提高单回输电线路的输送容量。制约线路输送容量的重要因素就是线路两端变电站中开关设备的容量，因此亟须提高变电站开关设备容量。我国目前骨干 500kV 网架应用较多的是额定电流 4000A、5000A、6300A 的断路器。研制容量更大的断路器，对于推进我国电网建设有着极为重大的战略意义。

为了解决上述问题，由广东电网公司牵头攻关，自主研制了额定电压 550kV、额定电流 8000A 的组合电器设备，示范产品取得了业界权威第三方认证，通流能力达到同类产品的国际领先水平，破解了高压开关设备通流"卡脖子"难题，掌握具有我国自主知识产权的大容量组合电器设备装备技术，打破国外技术封锁，大幅降低工程造价。同时推动上下游企业的发展，提升机械制造、材料制备、冶金技术等方面的快速发展，具有重要的经济效益和社会效益。

研制过程中，同步生产了额定电压 550kV、额定电流 8000A 的 GIS 设备与 HGIS 设备。其中 8000A GIS 设备已成功应用在汕尾 500kV 开关站、陆丰 500kV 开关站、珠东北 500kV 开关站。8000A HGIS 设备已成功应用在苏区 500kV 开关站、蝶岭 500kV 变电站、回隆 500kV 变电站、卧龙 500kV 变电站、清城 500kV 变电站。

汕尾 500kV 开关站 550kV 8000A GIS 设备

（图片来源：广东电力设计研究院提供）

蝶岭 500kV 变电站 550kV 8000A HGIS 设备

（图片来源：佛山电力设计院提供）

550kV、8000A 开关设备的应用为线路密集地区的电网规划设计提供了一种新选择，能够有效地提升 500kV 单回线路的传输容量。该类大容量开关设备在用电量大，输电走廊紧张的长三角、珠三角等经济发达地区有着广阔的应用场景。

3.2.3　420kV 双断口无均压电容断路器

高压断路器作为电网系统关键设备，承担着开断、关合线路负载电流及短路电流，保障电力线路的联络、切换、线路保护、控制、测量、系统调节以及线路和设备检修时的安全隔离等作用，在电力系统中被广泛应用。近年来，我国研发团队攻关突破大容量、低操作功灭弧室开断技术，进一步提升了断路器电气绝缘性能，实现了超高压断路器无油化驱动，研制出国内首台 420kV 无均压电容双断口断路器。

420kV 无均压电容双断口断路器额定短路开断电流 63kA，额定短路关合电流 171kA，整机机械寿命 10000 次，达到 E2 级电寿命指标，整体技术参数国际领先。主要技术参数如下表所示。

表 3-6　420kV 无均压电容双断口断路器主要技术参数表

序号	指标	单位	参数
1	额定电压	kV	420
2	额定频率	Hz	50
3	额定电流（Ir）	A	5000
4	连续电流试验电流	A	1.1Ir
5	额定短时开断	kA	63
6	额定峰值耐受电流	kA	171
7	首开极系数	——	1.3/1.5
8	额定短路耐受电流	——	63kA/3s
9	额定短时工频耐受电压（对地/断口间）	kV	520/610
10	额定雷电冲击耐受电压（对地/断口间）	kV	1425/1425（+240）
11	额定操作冲击耐受电压（对地/断口间）	kV	1050/900（+345）
12	无线电干扰	μV	≤ 500
13	SF$_6$ 气体年漏气率（质量损失率）	%	≤ 0.1
14	SF$_6$ 气体压力（表压 20℃）	MPa	0.6（额定）0.52（最低）
15	操动机构类型	——	弹簧操动机构

420kV 无均压电容双断口断路器采用双动灭弧室结构，相比传统单动灭弧室，具有开断能力强、操作功低等优点，同时配用弹簧操动机构实现无油化驱动，双断口"T"型布置，便于工程一次接线。断路器通过采用无均压电容器设计，减少维护量，降低污闪风险，具有结构简单、可靠性高、安装方便等优点。

420kV 无均压电容双断口断路器

（图片来源：平高集团有限公司）

3.2.4 超高压天然酯绝缘电力变压器

随着国家"双碳"目标的提出，电气设备正朝着更加低碳环保的方向发展。电力变压器作为电力系统中的重要设备，在变换和分配电能方面起到关键作用。变压器油是变压器重要的绝缘和冷却介质，可以填充变压器间隙，提升设备绝缘性能，传导热量以维持设备可靠运行。传统电力变压器用绝缘油主要为矿物油，通常从石油中提取，由多种碳氢化合物组成，绝缘性能强、价格低廉，但闪点较低易燃烧，一旦泄漏污染环境。天然酯又称为植物油，主要从大豆油、菜籽油等天然油料作物中提取，并通过一系列改良工艺制成，其主要成分是甘油三酯，具有介电性能好、闪点高、可降解环境友好等优点，但存在易氧化寿命短、黏度大不便散热的缺点。

天然酯绝缘油变压器绿色环保、安全可靠，具有广阔的应用前景和市场需求。国外已有大量的天然酯绝缘油变压器挂网运行，最高电压等级达到 420kV。我国已有多家变压器制造商具有研制生产天然酯绝缘油变压器的能力和业绩。目前，我国已成功研制出 500kV、750kV 等超高压天然酯绝缘油变压器样机。

500kV 334MVA 天然酯绝缘油变压器

（图片来源：广州供电局）

750kV 120MVA 天然酯绝缘油变压器

（图片来源：正泰电气股份有限公司）

超高压天然酯绝缘油变压器在绝缘结构设计方面有技术难度。试验研究表明，工频电场下天然酯油和矿物油二者的绝缘性能基本相当；但在负极性雷电冲击条件下，尤其是极不均匀电场以及大油隙（数厘米以上）时，天然酯油的雷电冲击耐受水平显著低于矿物油。因此在绝缘结构设计时要适当增大纵绝缘裕度，采取合理措施优化变压器绕组在冲击电压下的电场分布。

天然酯绝缘油材料性能十分关键。天然酯黏度大、倾点低，作为冷却介质的变压器温升会更高，一般要通过电磁、流体、热场多物理场耦合仿真研究来优化油道和散热系统设计。绝缘油与其他变压器材料（如各类绝缘漆）的相容性是影响变压器绝缘性能的重要因素。不相容的材料可能会影响绝缘油的理化与电气绝缘性能，或产生特征气体，干扰油中气体的分析判断。目前应用或正在研究的变压器绝缘油种类多、配方复杂，通常只在某几个关键性能占优，但尚未发现在绝缘、环保、酸度、稳定性、散热性能等多方面均占优的产品。因此未来探索新型天然酯绝缘油，或在现有绝缘油基础上进行混合、调配、改性，将会是重要的研究方向。

3.2.5 252kV 洁净空气绝缘电流互感器

六氟化硫（SF_6）气体因其具有优异的绝缘性能，被广泛应用于电气设备中，但 SF_6 气体温室效应较高，近年来在节能减排应对气候变化的大背景下，国内外一直致力于减少 SF_6 使用、进行环保替代相关技术的研究。

近年来，我国自主创新研发了新型环保气体系列化互感器。通过对洁净空气的绝缘特性、放电特性、放电分解物检测与分析、密封检测等关键技术进行科研攻关，成功研制了 EGC-252 型洁净空气绝缘电流互感器，并于 2023 年 4 月在河南濮阳顿丘 220kV 枢纽变电站顺利投运。该新型电气设备是国家电网公司电流互感器"油改气"提高设备防爆能力的重要试点工程，是落实国家双碳政策、推进设备绿色环保的一项重要举措。

河南顿丘 220kV 变电站环保气体绝缘电流互感器

（图片来源：江苏思源赫兹互感器有限公司）

相较于目前较为常见的 SF_6 气体电流互感器，该设备有着突出的低碳环保性能，可实现洁净空气作为内绝缘气体，无氟、无碳、无毒、无害，满足环保条件可以直接排放，无须专门回收、维护方便。由于在同等气压条件下清洁空气的绝缘强度仅为 SF_6 的30%，因此需要增大气压至 0.7MPa 来提升产品绝缘强度，并通过添加示踪气体氦气以便判断产品密封状态、观察泄漏情况。氮气的体积占比为 73%-83%；氧气的体积占比为 16%-26%；示踪气体的体积占比为 1%-2%。电流互感器设备内部出现击穿或局部放电时，短期内产品内部 NO_x 和 O_3 含量就会快速升高，可在规定的时间内对产品内部的气体成分进行检查和分析，快速判断产品的故障或不良状态。洁净空气具备更低的液化温度，因此该设备还支持低温、高寒地区使用，最低使用温度可至 −60℃。外部材料使用硅橡胶套管，没有爆炸起火的风险，更加安全可靠。

截止到目前，252kV 及以下电压等级的 EGC 型环保气体电流互感器系列产品已通过国家级新产品技术鉴定并挂网运行，363kV 和 550kV 产品也已完成样机制造，未来有望获得工程应用。

3.2.6　中低压智能预警电缆

中低压电缆的敷设使用环境复杂，发生故障后对其他管线、建筑、设施和人员安全的威胁且修复周期较长，有必要加强对中低压电缆运行状态的监测。通过对电缆本体增加光纤测温监测技术，对电缆本体及接头运行温度状态实时监测，能够提前预知电缆全线路的安全状态，对线缆故障和隐患提前预警，可及时对电缆进行合理的维护、检修及更换，对保证电缆可靠运行具有重要意义。

中低压电缆在线芯中预埋监测模块如下图所示。预埋方式比传统外皮缠绕光纤方式，直接取得纤芯温度。以特种光缆为传感元件，它利用光时域反射技术进行定位，利用拉曼散射效应监测沿光纤分布的温度变化，可实现线路大长度空间温度分布式实时监测，具有实时监测、测量范围广、测量距离长、定位精准等优点，在电力、石化、钢铁、轨道交通、新能源、管廊、地产、数据中心等项目领域均有广泛应用。

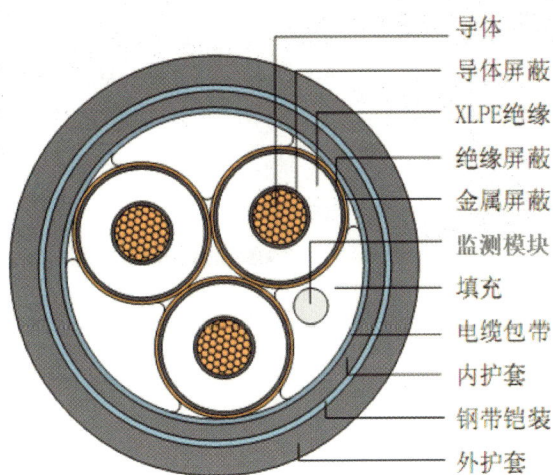

中低压智能预警电缆结构图

本着"先进、可靠、实用、经济"的原则，选用切合工程实际的系统方案，保证系统的高性能价格比，其监测系统构架如下图所示。

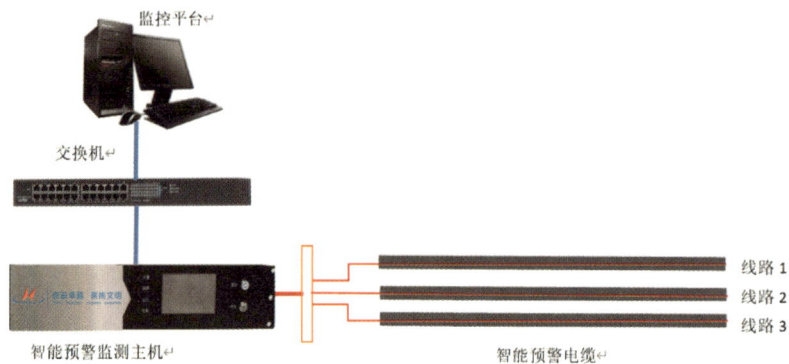

监测系统构架图

智能电缆预警系统已应用于广西桂林阳朔县福利镇青鸟村深能环保垃圾焚烧电厂项目、国网天津市电力公司电力设备运营基地设备运营车间等项目，运行情况反馈产品性能满足要求，运行情况良好，各项性能稳定。

广西桂林阳朔垃圾焚烧电厂项目

3.3　新材料（器件）

3.3.1　导电聚烯烃包覆金属接地材料

变电站接地装置主要用于泄流、均压、保障电网和电气设备安全运行。接地装置埋设在土壤当中，并直接与大地接触。土壤是由固、液、气三相物质组成混合物，水分和盐类的存在，使得土壤具有类似电解质溶液的特征。金属接地极长时间在土壤中运行，受到土壤微生物、地下水、入地电流的作用，其电化学腐蚀是不可避免的。腐蚀会造成接地导体会出现不同程度的减薄、孔洞，甚至断裂，接地性能逐渐变坏。若电力系统发生接地短路故障，短路电流无法在土壤中充分扩散，造成接地网本身局部电位差和地网电位异常升高，使接地设备的金属外壳带高电压而危及人身和设备安全。因此，如何有效地减缓和防止地网腐蚀，成为电网安全运行的关键因素之一。在土壤腐蚀性较强的地区，接地设计时通常采取增大导体截面来弥补其腐蚀，导致金属消耗量增大，并提高了接地体焊接和弯折施工难度。

导电聚烯烃包覆金属接地材料是一种耐腐蚀的新型接地材料，其基本原理是利用柔性非金属的导电高分子材料包覆金属线芯，构建有机/金属复合接地体，实现"化学隔离、物理导通"的防腐技术性能。

导电聚烯烃包覆金属接地材料

（图片来源：辽宁电力勘测设计院提供）

线芯一般可采用镀锌钢绞线、铝合金绞线或钢芯铝绞线等具有足够机械强度的金属或合金材料，利用其良好的热稳定性和导电性，满足接地网大电流泄流和均压要求。绞线可以多芯绞合，以满足不同设计截面积的要求，也便于生产大长度接地装置，免于分成多段连接。

包覆层基材采用石墨基聚烯烃惰性材料，具有优秀的抗腐蚀、抗老化和环保性能，使用寿命年限长；填料采用微纳米导电颗粒。包覆层体积电阻率小于 $0.03\Omega\cdot m$，具有较好的导电性能和散热功能。聚烯烃拉伸强度大于 10MPa，延伸率大于 30%，本身较高的弹性使得护套能够容易地释放在制备、施工、服役过程中产生的应力，使得护套不易发生破损与剥离。利用聚烯烃基高分子可以阻挡离子传输的特性，使线芯金属材料与土壤环境隔绝，从而起到保护金属材料免受腐蚀的作用。根据辽宁盘锦得胜 66kV 输电杆塔塔基处为期 120 天的现场腐蚀试验结果，证明导电聚烯烃包覆金属接地材料的接地电阻介于钢材、铜材之间，稳定性较好。

表 3-7 不同接地材料技术特点对比

接地材料	优点	缺点
导电聚烯烃包覆金属接地材料	降阻性能、耐腐蚀性能好 施工方便	新型材料生产成本较高
镀锌钢材料	价格低廉、机械强度高 施工方便	易腐蚀，使用寿命受土壤腐蚀情况影响
铜材料	电阻率低、耐腐蚀性好，一般不存在点蚀情况，寿命长	造价高，可能产生重金属污染，对附近的钢结构建筑存在电偶腐蚀
铜覆钢材料	电阻率低、耐腐蚀性好，一般不存在点蚀情况，寿命长	延展性及附着力差，铜镀层破损后钢的腐蚀速度会加快
石墨接地体	电阻率低、耐腐蚀性好	脆性材料，同石墨接触的钢材电极会发生电化学腐蚀；无法纵向排流，只能用于小型地网

导电聚烯烃包覆金属接地材料已在辽宁省得胜 66kV 变电站、化工 220kV 变电站、高岭背靠背换流站地网改造和阜新地区一些线路工程中得到应用，运行效果良好。

3.3.2 自适应电场调控绝缘材料

高压输变电系统中，系统电压等级越高，绝缘问题的重要性和困难度均愈加显著。高压电气设备由于其自身特定的几何结构会造成电场分布不均、局部电场集中的现象，如电缆接头或终端、绝缘子高压端、电机绕组端部、穿墙套管法兰处等。这些位置的绝缘部件所承受的电场强度远超出整体电场强度的平均值，甚至达到平均值的数倍，由此带来了一系列设计、制造方面的不利影响。通过增加绝缘尺寸以保证设备绝缘性能的方法会大大增加设备的制造、运输与装配成本。因此，合理改善绝缘设备或部件电场分布的均匀程度，缓和局部的高电场强度，可以降低高压/特高压设备设计、制造的技术难度，降低电力设备造价，并提高设备长期运行的安全可靠性。

改善电场分布的传统方法主要包括：通过改变电极形状、在绝缘介质内嵌入金属起到内屏蔽作用、在绝缘介质内部加多层平行电容极板、在绝缘介质表面或外围布置均压环作为中间电极、安装并联均压电容等改善绝缘设备或部件整体电场分布均匀程度。这些方法主要从电极的几何结构与分布的优化这一方面入手改善电场分布，但其对设备前期设计以及生产制造的工艺水平要求很高，同时附加结构也可能会为设备的运行带来新的隐患。如果能够从绝缘材料自身的特性入手，使其具备均匀场强的功能，则能够克服上述问题，能达到更理想的均匀场强的效果。

自适应电场调控绝缘材料是指绝缘参数随外电场自适应变化的非线性均压材料。自适应材料相比于常规固定参数材料最大的优势在于其电学参数能够随着外电场进行改变，当材料某处的空间电场有明显高于临近区域平均电场的趋势时，该处材料的电导率或介电常数也会显著升高，从而使得该处的电场强度有所降低，因此能够达到均匀电场的作用。也就是说，这类绝缘材料能够实现"电场提升—材料电导/介电提升—电场下降"的负反馈闭环条件过程。与此同时，由于此类材料具有类似避雷器的电荷泄放特性，其在直流电场中也具有一定的抑制空间电荷的作用。目前，自适应材料一般由微米、纳米功能填料（如氧化锌、碳化硅等）填充高分子聚合物来实现。

我国已研制出应用自适应电场调控绝缘材料的 ±200kV 胶浸纤维工艺直流穿墙套管样机，主要设备参数为：长度 5075mm、挂伞直径 435mm、直流耐压 300kV、极性反转 ±250kV、工频耐压 280kV、雷电冲击 900kV。相比于传统电容式套管，其体积、散热性能均有所提升。

3.3.3 国产 220kV 电缆绝缘料

交联聚乙烯（XLPE）因具有原材料来源丰富、价格低廉、电气性能优异、介质损耗和介电常数较小等优点，作为电缆绝缘在中高压输配电网络中得到了广泛应用。我国高压电缆绝缘材料研制起步晚，从 2006 年起开始实现 35kV 及以下绝缘材料的全国产化替代，110kV 已经小批量商业化应用，但 220kV 及以上绝缘材料仍依赖进口。近年来，随着国际形势的变化和需求的增加，全球出现了高压电缆绝缘料产能不足、供货周期加长和供应链不稳定等问题，严重影响着我国高压电缆产业链供应链安全和电网建设的推进，是我国电力行业亟须攻破的"卡脖子"技术之一。

绝缘国产化主要存在如下问题：

1）高品质基础原材料生产亟待实现自主化：国内生产电缆原材料的管式法设备和工艺包均为进口，国内基料性能的调控方法掌握仍较为薄弱，装置产品牌号切换频繁，规模化质量稳定性仍进一步验证，综合性能方面仍可进一步优化。

2）绝缘料配方调控和生产工艺仍需提升：行业内对高压电缆绝缘料的关键性能指标存在认知短板；针对高压绝缘料的配方调控技术尚不完善，材料综合性能与国外存在差距；绝缘料批量生产过程中批次稳定性、全流程超净和缺陷控制技术有待提升。

目前，经过以国网、南网为链长，电缆绝缘料生产企业、电缆制造企业、电缆专业试验检测机构及电网用户共同组建的技术团队的联合攻关，攻克了国产绝缘材料复配改性及规模化生产、电缆圆整度控制及附件设计等关键技术难题，研制出国产高压电缆绝缘材料，开发了具备自主知识产权的国产交联聚乙烯绝缘材料和电缆系统，并在国网、南网的项目中示范应用。

（1）国网辽宁阜新 220kV 国产电缆示范工程

2021 年，中国第一条运用国产高压绝缘料的 220kV 电力电缆在国网辽宁阜新 220kV 新煤线投运，它是运用国产绝缘料的高压电缆初次挂网运作。

国网辽宁阜新 220kV 新煤线电缆施工

（图片来源：重庆泰山电缆有限公司）

（2）南网深圳 220kV 国产绝缘料电缆示范工程项目

基于南网 220kV 交流电缆国产化研究科技项目，国内首批规模化应用 220kV 国产绝缘料电缆于 2021 年在深圳落地。东方生产的这批电缆截面为 1200mm²，电缆投运长度为 11km。

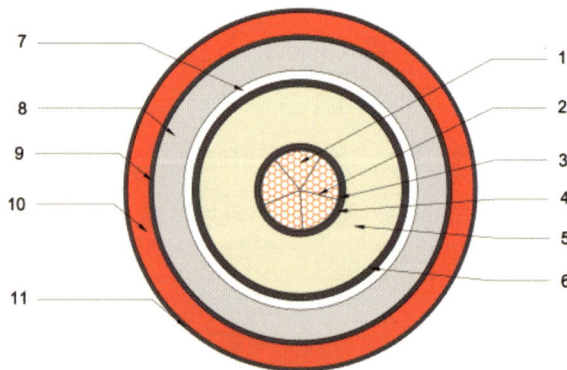

国产 220kV 绝缘料交流陆缆结构

（图片来源：宁波东方电缆股份有限公司）

（3）国网 220kV 交流电缆自主绝缘料规模化制备及大长度工程应用

2022 年 7 月国网公司立项开展国产 220kV 电缆规模化制备和大长度应用，国网智能电网研究院联合产业链上下游单位，计划在辽宁、北京、浙江、江苏等四网省公司新开展不低于 24km 的自主绝缘材料的 220kV 电缆大长度示范应用。

相比进口材料，国产绝缘料减少了运输和关税成本，价格更加亲民，有助于降低电缆生产成本。国产绝缘料的大批量应用，可减少对外依赖，尤其在全球供应链紧张时，国产绝缘料供应更加稳定，可解决高压电力电缆核心材料"卡脖子"问题。同时，国网、南网相关科研项目和工程应用日益广泛，为国产绝缘料电缆的应用提供更多的场景。未来，将逐步具备规模化生产和商业化应用条件，打开国产高压绝缘料电缆高质量、自主发展的突围之路，为国家电缆产业健康发展提供有力支撑。

3.3.4　绿色亚光杆塔防腐涂料

架空输电线路杆塔与自然环境协调性较差，且在光照强烈地区，光污染持续时间长。亚光杆塔指在镀锌工序后，利用余温 200℃左右时，在添加有树脂、TiO2 纳米颗粒和染色剂的钝化液中一体钝化成型，钝化时间为 1min ～ 5min，从而实现杆塔不同颜色的工艺需求。与传统磷化工艺相比，该工艺具有成本低、高耐蚀、自然美观和亚光效果优异的优点。与环境协调的亚光杆塔具有以下特点：

（1）亚光杆塔具有高耐蚀和绿色环境有机融合的特点，杆塔服役寿命更长。在防腐性能方面：亚光杆塔是在传统镀锌杆塔制备的基础上，增加了彩色钝化工序，钝化后的彩色钝化膜其厚度约 20μm，20μm 的钝化膜起到保护镀锌层的作用，从而延长了杆塔的耐腐蚀寿命，经中性盐雾试验测评，NSS 耐蚀寿命可达 500h，预测其在 C1 ～ C3 大气环境下增加的耐腐蚀寿命为 15 ～ 25 年；在环境融合方面：钝化膜的颜色可进行调配，目前研发的有灰色、蓝色、绿色、黄色和橘红色，后期颜色可依据需求进行调配。

（2）亚光杆塔结构安全可靠，铁塔加工效率影响可忽略，亚光效果优异。在杆塔构件力学性能方面：因为是镀锌后余温 200℃钝化，杆塔构件的力学性能和镀锌构件保持一致，杆塔结构安全可靠；在加工效率方面，钝化时间为 1min ～ 5min，因此，亚光杆塔加工几乎不影响铁塔的加工生产效率；在亚光效果方面：传统镀锌杆塔 Gu 值是 150 ～ 250，而镀锌亚光杆塔 Gu 值是 10 ～ 30，此次试点的绿色亚光杆塔的 Gu 值为 3 ～ 5，其亚光效果优异。

（3）亚光杆塔造价低，具有全生命周期经济性。在造价方面，绿色亚光杆塔比镀锌杆塔每吨成本增加 600 元，传统镀锌杆塔造价费用为 7300 元 / 吨，传统刷漆增加的造价约 2000 元 / 吨，同时存在劳动强度大、防腐效果不理想（刷漆的防腐寿命为 3 ～ 10 年）的缺点，因此，亚光杆塔比镀锌杆塔造价增加 4.5% ~ 6.8%，比刷漆造价降低 75% ~ 80%，具有较高的性价比；全生命周期经济性：绿色钝化膜可延长服役寿命 15 ~ 25 年，比刷漆的防腐寿命提高了数倍，因此，其全生命周期经济性提高。

（4）亚光杆塔社会效益显著。输电杆塔已经成为城市中一道不可或缺的风景，然而走廊的日趋紧张使得输电线路建设必须结合城市规划，同时与周边环境相协调。镀锌输变电设备与自然环境协调性较差，且在光照强烈地区，光污染持续时间长。采用亚光杆塔，既解决了环境协调的问题，又解决了光污染的问题，社会效益显著。

2022 年 10 月，阿坝红原 220kV 变电站 110kV 配套工程，线路路径长 6.0km，其中单回路径长 1.2km，同塔双回单边挂线路径长 4.8km。其中，龙日坝—安曲 π 入红原 110kV 线路工程试点 15 基，202t；龙日坝—月亮湾 π 入红原 110kV 线路工程，试点应用灰色亚光杆塔 9 基，123t。

阿坝红原 220kV 变电站 110kV 配套工程应用灰色亚光杆塔

（图片来源：中国电力科学研究院）

2023 年 10 月，恩施宣恩 - 鹤峰 220kV 线路工程，线路全长 70.713km，除宣恩变电站出口段采用 2 基已建双回路塔挂线、鹤峰变出口侧 1.807km 采用双回路外，其他均采用单回路架设。试点 G66-G80 段共 15 基塔位于七姊妹山国家级自然保护区实验区，398.91t。

恩施宣恩－鹤峰 220kV 线路工程应用绿色亚光杆塔

（图片来源：中国电力科学研究院）

亚光杆塔的推广应用，既解决了与周边生态环境有机融合的难题，又解决了光污染问题，同时提高了杆塔的耐久性和美观性，经济和社会效益显著，应用前景广阔。

3.3.5 免维护 110kV 电缆接头

电缆接头是电缆线路的薄弱环节，约有 60% 的事故发生在电缆接头上，确保电缆接头质量对电力线路的安全运行意义重大。目前，国内电缆接头制作普遍采用预制件方式，该制作方式可能产生杂质和活动界面，影响电缆接头的绝缘性能，无形中降低了电网运行的安全性和可靠性。

免维护中间接头技术源于海缆工厂接头，是工厂延续海缆长度的重要元件。该技术对电缆采用等直径导体连接，内外屏蔽层、绝缘层全部按照电缆结构予以恢复。该技术主要应用于10kV 至 220kV 的交联聚乙烯绝缘电缆和海底电缆。免维护熔接头技术依据该原理，在现场完全恢复电缆本体结构，形成了无应力锥、无活动界面的熔融结构，实现了电缆接头处成为完整的电缆而没有接头制作免维护熔接头所用的绝缘料和半导电料与生产电缆所用的绝缘料和半导电料是完全相同的材料，成型后的免维护熔接头的结构与电缆本体结构一致，设计原理与电缆本体的设计相同。

免维护 110kV 电缆绝缘接头

（图片来源：江苏亨通电力电缆有限公司）

免维护中间接头具有以下优势：

1）实现了接头主绝缘与电缆主绝缘的一体化，绝缘层不易受潮气入侵，电场分布更加均匀稳定，使用寿命持久。

2）接头结构紧凑，尺寸小，可满足在狭小工井内的布置。

3）导体采用分层银钎焊，焊接导体直流电阻与本体基本一致更利于电缆载流量。

由于其本身具备的优点，现免维护 110kV 电缆接头逐渐被工程施工单位、电力用户单位以及国家电网下辖单位的所关注。徐州送变电有限公司 110kV 线路改迁项目共计 6 套 110kV，该项目特点为接头区域小且处于拐角，投运后一直安全运行。广西防城港钢铁基地项目 110kV 电缆线路工程，共计 110kV 电缆接头 183 套（含直通接头及绝缘接头），涉及隧道、桥架及电缆沟等施工环境。

3.3.6 国产电力芯片

电力芯片是广泛用于电力系统的核心元器件，在实现电网安全高效运行中发挥着关键作用。按应用场景来看，电力芯片大致分为主控芯片、传感芯片、安全芯片、通信芯片、人工智能芯片、和一些基础性的通用芯片、数字处理芯片及图像处理芯片等。主控芯片在电网工控系统中扮演着"大脑"的角色，支撑控制系统运行；传感芯片用于现场数据采集；安全芯片广泛应用于关键数据保护；通信芯片在不同电力通信网中发挥重要作用；人工智能芯片可以大幅提升电网智能化水平。据有关机构预计，在电网数字化、智能化发展趋势下，我国对电力芯片产品的整体需求量超过 200 亿片，市场规模超过 4500 亿元。

以往我国部分高端电力芯片，以进口为主，对外依存度较高。例如体积小、速度快、功耗低的高集成度 SoC（System-on-Chip）芯片，其设计与制造门槛极高，往往面临价格高昂、供货不稳定、存在安全隐患等问题。近年来，我国电力芯片国产化工作进程不断提速，在自主可控方面取得了长足进步。

在国家重点研发计划的支持下，国产自主电力专用芯片"伏羲"研制成功。采用"国产指令集 + 国产 CPU 核 + 电力算法硬件单元 + 国密安全模块"的电力工业控制芯片技术架构，实现了关键算法硬件逻辑布线与通用计算软件灵活定义的芯片级高效集成；研制了基于纳米级继电器阵列的电力测量、控制、保护等多模态嵌入式业务模块；研发了基于国产内核和国密算法的片内可信根模块，构建了覆盖全过程的安全启动、存储和通信机制，实现了芯片内生安全防护；适配 Linux、OpenWRT、SylixOS 等多类型主流操作系统及核心模组，构建了多层级开源开放软硬件平台，累计支持 30 余家主流设备厂商在多领域研发形成百余类电力工控装备。

国产电力芯片产品矩阵也在不断丰富及完善，相继开发出具有自主知识产权的安全、主控、通信、传感、射频、计量、模拟、人工智能八大类百余种芯片产品。例如，海燕 330 芯片可用在配网自动化、用电信息采集、能源替代、工业物联网及智能楼宇等多个领域，如故障指示器、充电桩、智能电表；嵌入时间敏感网络技术的国产芯片可用于电力通信领域，研制的确定性网络交换机，可在网络通道阻塞场景下提升电网数据传输的实时性、可靠性和高效性，实现了变电站网络安全可靠和自主可控。

第 **4** 章

电网工程创新案例

4.1 设计创新

4.1.1 案例 1——1000kV 变电站构架设施在线监测设计

目前国内变电站在线监测技术主要集中应用于变电设备方面，而在变电站构架设施中的应用较为少见。

荆门 1000kV 变电站是第一批投入商业运行的特高压交流变电站，在其扩建工程中首次配置输变电工程土建设施在线监测系统，在 1000kV 全联合构架的武汉 II 回出线梁及两侧构架柱布置倾斜传感器、应力传感器和加速度传感器等设备进行监测。

该监测系统可实时监测变电站运行过程中 1000kV 构架的状态参量，采用基于结构频率的频率微变指标损伤预警方法，随时掌握安全健康状态，及时发现安全隐患，实现了变电工程土建设施在线监测的自动化、智能化、精细化和可预测性。

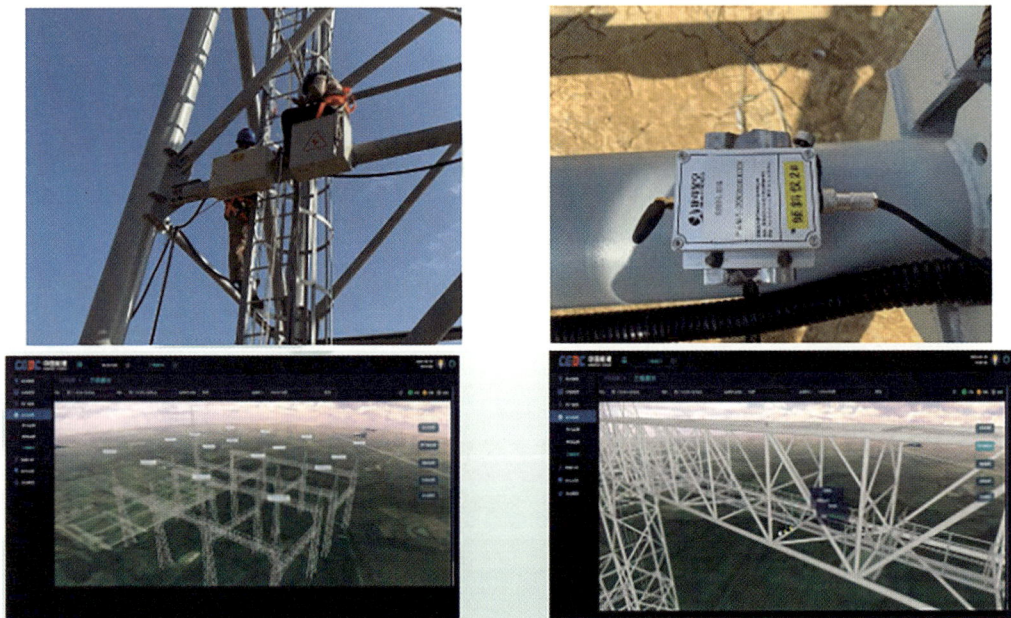

1000kV 构架在线监测安装图及三维图

（图片来源：中国电力工程顾问集团中南电力设计院有限公司）

1000kV 变电工程建设难度大，安全管控风险高。将土建设施在线监测系统应用于构架上，与电力设备状态在线监测共同构成站内综合在线监测系统，为后续类似工程的建设积累了宝贵经验。

4.1.2　案例 2——HGIS"C 型"布置双层出线设计

兰临 750kV 变电站新建工程站址位于甘肃定西市临洮县红旗乡塬坪村南侧，站址区地形起伏较大，南北向高差约 24m；站址为黄土湿陷性地质条件，湿陷等按自重 III 级考虑；环境条件特殊，海拔高度约 1940m，站址位于 8 度地震区，地震烈度高，极端最低气温 -29.6℃，施工难度大。面对以上工程设计难题，该站 330kV HGIS 设备因地制宜，创新式采用"C 型"布置设计，既节省了占地面积，又克服了施工障碍。

330kV HGIS 设备的"C 型"布置，通过调换出线套管与母线套管位置，实现配电装置两侧直接出线，避免了常规方案线路或主变进线需伸入配电装置中部引接，减少了引下线与两侧母线的安全净距校验尺寸及配电装置纵向尺寸。同时部分出线设置双层出线构架，第一层挂点高 21.5m，第二层挂点高 32.5m。该方案压缩 330kV 配电装置南北向 2.8m，减少 330kV 出线转向空间隔，节约占地 932.4 ㎡。

330kV HGIS"C 型"布置

（图片来源：中国电力工程顾问集团西北电力设计院有限公司）

330kV 配电装置 HGIS"C 型"构架具有出线间隔多、单跨母线梁跨度长、导线拉力大等特点。通过多方案技术经济比选，该工程提出 330kV HGIS"C"型布置构架最优的结构形式为"人字柱 + 三角形梁"方案，最优的构架根开尺寸为 7.16m，母线梁的截面 2.0m（宽）×2.2m（高），出线梁截面采用 1.5m（宽）×1.5m（高）。该方案较常规钢管矩形格构式钢梁方案，节省钢材量约 15 吨。

4.1.3 案例 3——浅采空区变电站地基综合治理设计

晋城东 500kV 变电站站址周边区域多为基本农田和耕地，站址所在区域遗留有私挖乱采痕迹，地形较为破碎，地表以下存在竖井、平洞及多处塌陷，竖井深度约为 3m-15m，竖井间相互连通，未连通处也随矿脉走向存在采掘巷道，巷道方向错综复杂，巷道高 1.5m-2.0m、宽 1.5m-2.0m。站址内西南侧存在大范围人工填土，厚度 0.5m-3m，填土为采掘弃石堆砌。在站址选择和三通一平方面存在较多难点。

晋城东 500kV 变电站

（图片来源：山西省电力勘测设计院）

在国内缺乏浅采空区变电站地基综合治理工程经验的背景下，晋城东 500kV 变电站工程首次提出"浅采空区变电站地基综合治理"理念，首次采用"旋挖钢筋混凝土灌注桩 + 超挖毛石换填 + 压力灌浆 + 强夯"综合地基处理方案，该站站址区域地面标高在 1088m-1110m 之间，高差约为 22m，通过选择合适的场平标高，最大程度地实现了站址区域内土方平衡，减少了弃土或外购土，尽可能地揭露了巷道顶部覆岩，避免了遗留不明采空巷道，通过大量的工程计算，确定了整个场平标高选择需求。

晋城东 500kV 变电站浅采空区变电站地基综合治理设计，其地基处理方式较常规变电站相比更加多样化、复杂化、复合化，根据站址条件分片分区、有的放矢进行处理，实现了变电站建设运行全过程本质安全，作为"浅采空区变电站地基综合治理"示范工程，具有较好的指导意义。

4.1.4 案例 4——基于 3D 打印的变电站建筑设计

科北 500kV 变电站位于广东省广州市黄埔区九龙镇，建成后主要向中新知识城、天河区和越秀区供电。该站作为预制装配式变电站的推广工程，其 380V 中央配电室采用了"3D 打印 + 现场装配"的新型绿色建造模式。

该工程 380V 中央配电室利用三维建模精准打印，实现了建筑工厂化建造，建筑施工速度快，建设工期相对传统工艺由 30 天缩短为 21 天，工期缩短 30%；3D 打印建筑减少了人力投入，投入施工作业人员数量相对传统工艺减少 20%，管理难度及成本降低；3D 打印建筑实现替代传统的混凝土浇筑、抹灰工艺，引领行业探索智能化建造。

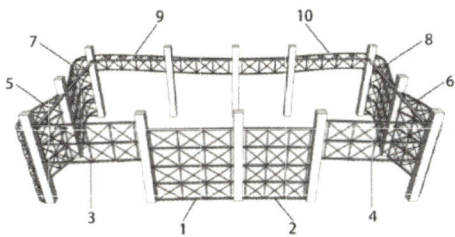

三维建模

工厂打印

舞蝶型配电房

配电房效果图

（图片来源：广州电力设计院有限公司）

科北 500kV 变电站 380V 中央配电室采用了"3D 打印＋现场装配"的新型绿色建造模式，突破行业壁垒，将 3D 打印技术与传统建造技术相结合，打造一套绿色低碳、新型高效的装配式建筑建造模式，推动了环保节能装配式技术的发展。

4.1.5　案例 5——变电站内隧道光导无电照明设计

光导照明系统又叫导光管日光照明系统，是一种新型的照明装置，该系统的原理是通过采光罩高效采集自然光线，然后导入系统内重新分配，再经过特殊制作的导光管传输和强化后，由系统底部的漫射装置把自然光均匀高效地照射到任何需要光线的地方，得到由自然光带来的特殊照明效果。导光管采光系统可以解决大进深建筑和地下建筑采光问题，并打破建筑层数、吊顶隔层的限制，可控制光线强弱，不受光线角度的影响，大幅度降低热损。

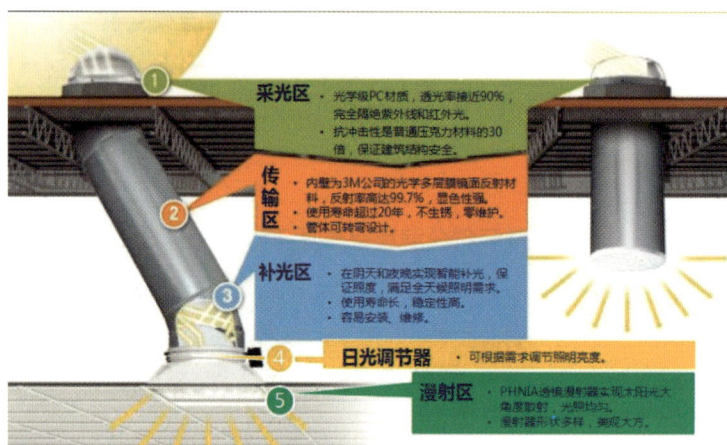

光导照明系统原理图

（图片来源：广州电力设计院有限公司）

广东科北 500kV 变电站内隧道装设了 8 套光导无电照明装置，与站内交流供电系统形成双模式供电系统。光导无电照明系统可以 100% 利用自然光照明，白天采用无电照明系统把阳光直接引到室内，提供 10 小时以上无电照明；夜间利用交流电源，根据室内照度要求自动补光，全天候 24 小时不间断照明。采用光导无电照明装置不仅减少了白天因停电引起的安全隐患和用电引起的火灾隐患，而且可以减少地下空间微生物的生长，有效改善地下空间潮湿、阴暗的环境。全年节省用电量约 2000kWh。

科北站光导无电照明装置

（图片来源：广州电力设计院有限公司）

变电站内隧道光导无电照明技术的应用对环境不造成任何污染，维护费用低，经济回收期短，相比传统照明有着十分明显的优势，有利于构建新型电力系统，推动构建清洁低碳、安全高效的能源体系，有利实现"碳达峰、碳中和"目标。

4.1.6　案例6——狭窄区域变电站布置优化设计

红光（西郊）330kV 变电站位于西安市红光路西段的西郊热电厂内，西郊热电厂 110kV 配电室以北，#1 和 #2 冷却塔之间，采用全户内变电站设计。

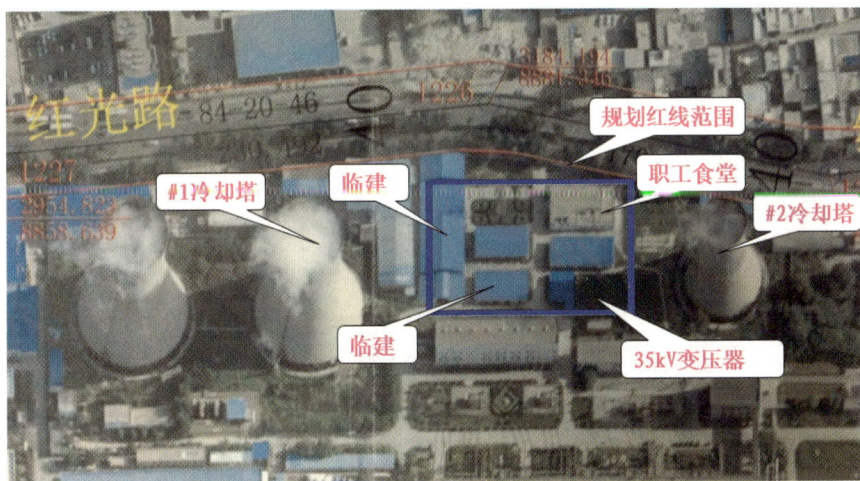

西安红光（西郊）330kV 变电站站址原貌鸟瞰图

（图片来源：陕西电力设计研究院有限公司）

生产综合楼采用三层布置，地下一层为电缆层；地上一层布置有主变压器本体、110kV 配电装置、35kV 配电装置、电抗器、站用变、蓄电池室等；地上二层布置有主控室、主变压器散热器、330kV 配电装置、电容器室等。

主变压器选用 360MVA 自耦变压器，主变本体与散热器分体错层布置，35kV 配电装置布置于主变散热器室下层空间，大大节省了用地面积。

330kV、110kV 选用户内小型化 GIS 设备，间隔宽度分别采用 3m、1.2m，分别布置于生产综合楼一层和二层的同一区域，采用上下叠层布置，出线电压互感器、避雷器与 GIS 集成一体化设计，组合安装。35kV 并联电容器组串联电抗器采用小型化干式铁芯电抗器，35kV 并联电抗器采用小型化油浸铁芯式电抗器。

该站合理规划，统筹协调，充分发挥土地潜能，巧妙利用小地块土地资源，整体布局紧凑，各个配电区功能清晰，围墙内占地 10.03 亩，较同规模户外 GIS 变电站节约占地约 53%，极大地提高了城市土地利用率。

4.1.7 案例 7——融入景观式变电站设计

雄安昝西 220kV 输变电工程被评为住房和城乡建设部公布的 2023 年度第二批三星级绿色建筑标识项目，这也是国内首个获得三星级绿色工业建筑标识的变电站工程。

昝西 220kV 变电站

（图片来源：国网河北省电力有限公司）

该站采用表皮功能化设计，打造了五面"山墙"，完美融入了周边的城市环境。外部墙板采用的纤维水泥外挂板是由粉碎后的 180 吨建筑废料和水泥搅拌成型制作而成，克服了传统石材抗拉性、延展性差的问题，环保效益较突出。

结合建筑"山形"墙体，应用"烟囱效应"自然通风技术，达到被动式散热的效果，在主变压器 40% 负荷及以下运行工况时，无须启动风机散热。同时，该站将放置设备的房间设置于利用自然通风和设备散热的外墙部位，大大提高了节能效率。

屋顶采用"海绵城市技术"，通过"渗、滞、蓄、净、用、排"一系列措施，能够满足全站工作人员日常生活用水，每年能节约用水 240 立方米，具有很好的节水效益。

昝西 220kV 变电站以《千里江山图》作为外观设计参考，以"写意山水"的方式进行设计，将变电站和城市风景融为一体。没有传统变电站外露的主变压器、钢铁架构、母线等设备，纤维水泥外墙极富层次感和雕塑感，设备运行的噪音通过设计大大降低，屋顶花园成为周围居民小憩观光的打卡点，体现了现代智慧电网的新气象。

4.1.8　案例 8——下沉庭院式地下变电站设计

　　河西 110kV 变电站位于雄安新区容东片区 A 社区综合能源站内，综合能源站内集中布置了变电站、供热站、供水站等众多基础民生设施。该站是首个布置在综合能源站内的 110kV 地下变电站，需统筹众多设施的综合布局，也需考虑各种不同设施相互之间的安全影响。

　　该站地上建筑及连廊形成飞鸟的翅膀，即为电力的"科技之翼"，作为科普馆向民众展示电力前沿科技，科技之翼寓意电力科技给了雄安新区足够的动力和活力，使其能够振翅翱翔。中心绿地设圆形 LED 屏寓意电力的"科技之眼"，向周边居民展示雄安、中国乃至全球的动态，眼看八方，引领雄安的发展方向。

项目整体融入式景观效果图

（图片来源：国网河北省电力有限公司）

主变室前的下沉庭院实景

（图片来源：国网河北省电力有限公司）

该站采用具有首创意义的带下沉庭院式地下变电站布置。全站仅设一幢地下三层建筑物，地下的配置装置楼与大地块内相邻的供热站、供水站等设施统筹布置。结合出线方向，变电站采用L型的平面布局，主变南侧设置下沉式庭院。基于带下沉庭院的布置形式，首次在全地下变电站中采用主变及散热器下沉式分体布置，实现了主变自然通风散热。噪声高的本体布置在室内，优先利用自然通风散热，噪声低的散热器室利用顶部和一面外墙敞开自然通风散热。

引入气流组织模拟（CFD）软件对主变和散热器散热能力进行校验计算，确保主变和散热器室温度环境满足设备运行要求。免去了常规地下变电站主变通风散热的辅助系统，每年能节省通风电量约 50 万 kWh，有效降低运维成本。机械通风管道的减少可降低层高，较常规全地下变电站减少变电站埋深约 3m，进而减少了基坑围护和土方开挖的工程量，充分契合雄安新区绿色、节能、环保的建设发展理念。

4.1.9　案例 9——变电站装配式超高性能混凝土结构设计

超高性能混凝土(Ultra-High Performance Concrete,简称UHPC)具有超高力学性能、超高韧性、超高耐久等优势，能够满足变电站建设轻量化、标准化、城市共生、低碳节能等方面的需求。

UHPC 在建筑行业的应用较为广泛，尤其在桥梁修补、建筑物加固等方面的应用已趋于成熟，但在电力系统中的应用较少。双河 110kV 变电站新建工程是浙江省首座装配式超高性能混凝土（UHPC）变电站。该站主要建筑物为 1 栋占地面积为 1051m² 的配电装置楼，1 座 48m² 的辅助用房以及配套的消防水池、事故油池等基础设施。

通过发挥 UHPC 高强性能，可以大幅缩减结构截面、墙板厚度、屋面厚度、钢筋用量。为配电装置楼提供更大设备布置空间、减少建筑材料使用，打造轻量化配电装置楼。

双河 110kV 变电站新建工程

（图片来源：宁波电力设计研究院）

此外，基于 UHPC 高韧、流塑的特殊性能，该工程重塑了变电站外立面，将其设计为 UHPC 仿石材造型，寓意开创变电站建设"新石器时代"，内墙面充分发挥 UHPC 可塑性，采用竹模作为预制模具在墙体表面留下痕迹，弱化墙体庞大尺寸，减少混凝土凌厉感，将"自然"与"工业"有机融合。

4.1.10 案例 10——接地极随坡就势布置优化设计

直流接地极是特高压直流输电工程中的重要组成部分，也是一个完整的直流输电工程必不可少的配套工程。

直流接地极主要由电极装置、导流系统和辅助设施组成。电极装置通常布置成圆环型或跑道环型，导流电缆与电极装置埋于地下，不影响土地耕作。常规的水平接地极占地较大，受土地空间资源限制，接地极选址困难一直是特高压直流工程建设中的重大制约因素之一。直流接地极重点以解决地理空间限制为目标，向小型化、紧凑化发展。

随坡就势布置的接地极

（图片来源：广东省电力设计研究院）

陕北沟、壑、卯、梁等特有的地质条件导致陕北 ±800kV 换流站接地极极址选择十分困难，经多方案比选，最终确定枣林峁作为唯一极址。由于所在地区地形破碎、沟壑众多，接地极采用了随坡就势布置方案。利用数字精细化设计，精准测量提供地理信息数据，将勘测数据提取转化为数字化地面模型，通过原始地面的高程、坡度、土方等计算分析比较，确定最优方案。随坡就势的布置方案节约了大量土方，取得了良好的经济效益，为不良地形条件下接地极设计方案提供了新的思路。

4.1.11 案例 11——螺旋锚基础设计

螺旋锚基础由螺旋锚和承台组成，共同承担杆塔荷载，单根螺旋锚由锚头、锚叶、锚杆和连接件组成，适用于粉土、粉砂、粉质粘土等地区。

螺旋锚基础是一种新型基础技术，具有承载力高、施工方便、造价低廉、安全环保等优点，可用于解决不利地质条件、征地困难、施工困难、工期紧张、环境保护、造价超限等问题。与灌注桩相比，螺旋锚基础无大型泥浆池，作业面小，有利于环境保护；与斜柱板式基础相比，螺旋锚基础施工方便，减少了土方、降水工作量。此外，螺旋锚基础混凝土耗量、综合造价、施工工期均优于灌注桩基础和斜柱板式基础。

螺旋锚实物图

螺旋锚基础可标准化生产、机械化施工，在国内已应用于部分软弱地基输电线路铁塔基础，如丹东 66kV 新石线、盘锦地区 220kV 电曙线、北曙 2# 线、双新线、河南驻马店 1000kV 特高压变电站 500kV 送出工程、阿里联网工程的沼泽地区部分塔位。

2024 年 8 月，螺旋锚基础在宁夏－湖南 ±800kV 特高压直流线路工程（甘肃段）施工，实现了在特高压工程中的首次应用，也是目前承载力最强、锚入地下最深、建设效率最高的螺旋锚基础应用。

宁夏 - 湖南 ±800kV 特高压工程塔位施工现场

（图片来源：新华社）

4.2 施工创新

4.2.1 案例 12——换流变阀侧套管机械化安装

金上－湖北 ±800kV 特高压直流输电工程送端卡麦换流站位于西藏自治区昌都市芒康县竹巴龙乡西松贡村，站址高程约 3800m。

卡麦换流站站址海拔高，气候多变，施工条件恶劣，人工效率较常规海拔明显降低。换流变阀侧套管的安装是换流变安装的关键步骤，其安装精度、安装效率关系到整个工程能否如期投运。传统安装方式是采用起重机进行吊装，安装过程中对套管控制精度差，安装过程过于依赖工人经验，而在高海拔条件下工人工作状态会有所下降，可能对安装过程造成风险。

传统方式安装换流变阀侧套管

（图片来源：国网特高压建设公司）

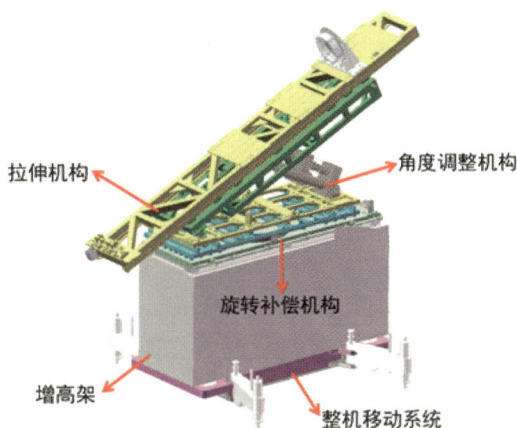

换流变阀侧套管机械化安装设备

（图片来源：国网特高压建设公司）

换流变阀侧套管机械化安装设备由整机移动系统、旋转补偿机构、横向水平补偿机构、Z 轴调整机构、拉伸机构及光学定位系统组成，用于特高压换流变阀侧套管和升高座的智能安装。相对于传统的吊车手工安装，智能安装具有安全可靠、精度高、操作方便、智能化等优点。

机械化安装设备安装阀侧套管

（图片来源：国网特高压建设公司）

机械化安装设备采用数字化手段、光学定位技术，可以自动定位阀侧套管法兰盘位置，并自动调节套管安装角度，行进至适当位置后，利用伺服系统将套管沿设备导轨将套管平稳、匀速精确精准插入升高座内，套管位置、行进速度可以实时显示，实现套管快速、智能化安装，该过程不依赖工人经验，全过程自动化智能化，可以降低安装过程中的施工风险。

4.2.2　案例 13——不动火接地装置连接

常规输电线路接地装置连接主要采用焊接方式，因带有明火，在气候干燥地区，对沿途森林及草原防火造成较大隐患。

不动火接地装置连接是不带有明火的接地施工技术，为克服传统焊接带来的火灾隐患和液压连接设备采购成本高、动力仍然采用汽柴油等问题，接地装置连接采用新型不动火不压接装置，该装置通过锥形衬套和螺纹套管拧紧，再由接头螺纹管完成两端的连接，无需特殊工具，施工方便，且满足接地可靠性要求。

该方案已应用于川藏铁路（甘孜段）配套供电工程，其线路穿越集中林区、草原，且当地气候干燥，是森林火灾高风险区。新型不动火不压接装置实现了接地装置施工过程无明火，同时保障了接地装置的可靠性。结合加装微小火源检测装置（防山火在线监测装置），可最大程度地消除施工过程带来的火灾隐患。

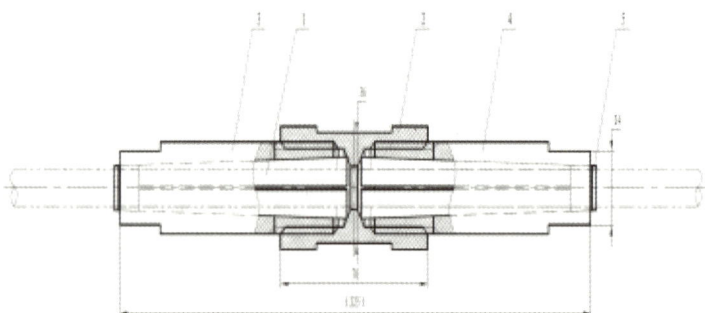

压接装置示意图

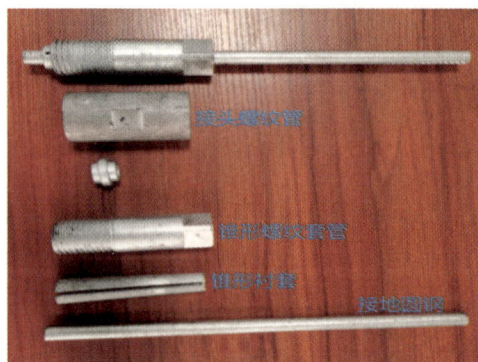

压接装置实物图

（图片来源：西南电力设计院）

4.2.3　案例 14——移动式伞形跨越架施工

传统的跨越架一般是在被保护设施的两侧搭设竹竿、木杆或金属结构的跨越架，在跨越架顶端之间铺设绝缘封顶网，跨越架占地面积大，施工时间长，位置受地形限制，还需采取封路、断电等临时措施。近年来采用的无跨越架不停电跨越架线施工，是在跨越档两端铁塔上设置临时横梁或软索作为支承装置，在其间安装承载索及封网装置，这种方式省去了跨越架，不受地形影响，施工效率明显提高，但跨越档距较大时实施难度加大，安全隐患增多。

移动式伞形跨越架基于雨伞原理，利用汽车式起重机和跨越架结构中的电动回转支撑，将桁架组件展开形成一个伞状骨架结构，利用绳索与骨架结构形成跨越架封网平台，安装于起重吊臂上，送至被跨越物上方，实现跨越架全方位移动和快速无接触覆盖保护被跨越物。"车体＋伸缩架"相当于传统跨越架，方形平台相当于搭建在跨越架上的保护网。移动式伞型跨越架相较于传统跨越装备具有搭设拆除机动灵活、可完全不停电、不完全封路、远程遥控操作、无人员高空与近电作业的优点。跨越架的架设和撤离均可快速完成，极大地提高了施工效率，缩短了风险作业时间。

移动式伞形跨越架已在 35kV、110kV 等线路的跨越施工中得到应用。2023 年，青海电网塔拉－宗日 330kV 线路工程带电跨越 35kV 恰黄线采用移动式伞形跨越架，对被跨越电力线形成约 100m² 的保护范围，将传统跨越架搭设或拆除的时间从 2 天缩短为 1 小时，原来需要 10 人开展的作业减少为 2 人，节约了 70% 的施工成本。重庆万州 110kV 高天线改造跨越 G42 沪蓉高速何家湾大桥，跨越档距较大，跨越点为高架桥，施工难度大，传统的作业方式需要高速公路全封闭，采用移动式伞形跨越架 2 台，施工仅用 1 小时，缩短工期 3 天，节约了 40% 的施工成本。

未来，在进一步改进伞状骨架结构，提升绝缘性能、轻型便捷性能等的基础上，移动式伞形跨越架可在更高电压等级线路的交叉跨越施工中使用。

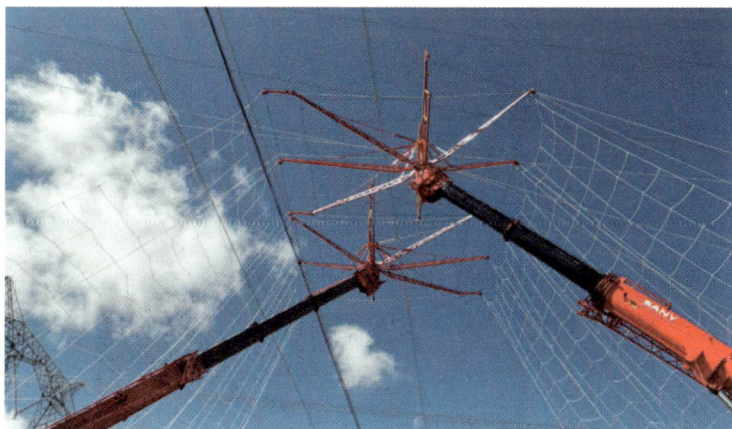

青海电网 330kV 线路带电跨越 35kV 线路采用移动式伞形跨越架

（图片来源：光明日报）

重庆电网 110kV 线路跨越高速公路采用移动式伞形跨越架

（图片来源：重庆日报）

4.2.4 案例 15——大长度电缆敷设

受路径平缓段直线长度、电缆制造技术和施工难度限制，传统 220kV 电缆单段长度在 500m 左右。杭州城西紫金港科技城 220kV 架空线上改下工程实现单段电缆 1715m，使得电缆接头数量明显减少，降低了故障率。

该工程通过在电缆中间点使皱纹铝护套外露，用"假接头"技术减低电缆护层感应电压。"假接头"对施工工艺要求高，在接地引出封铅过程中，既要不损伤电缆绝缘，又需对引出点做绝缘处理、防水处理及防火处理。

该工程采用定制电缆盘运送电缆，直径为 7.8m，约是普通电缆盘 3 倍，同时通过特种平板车运输总重 90 余吨电缆盘，采用两台吊机同步配合作业。在电缆敷设施工环节，研发并采用全自动电缆输送机，同时通过高压电缆智能敷设系统，对设备实现自动输出控制。

大长度电缆敷设施工过程

（图片来源：杭州日报）

4.2.5　案例 16——双直升机同塔位物资吊运作业施工

输电线路经过偏远地区复杂地形时，通常需修路至塔位，或建设连续索道和多个材料中转站才能实现材料机械化运输，施工周期长、运输效率低。使用直升机吊运物资可提高施工效率，国内通常采用单直升机作业。

2024 年 4 月，在浙江宁海抽水蓄能电站 500kV 送出工程施工现场，国网空间技术公司在国内首次利用双中型直升机同塔作业模式开展电网基建物资吊运作业，历时 16 个飞行日累计完成 13 基铁塔、850 吨塔材及工器具的运输，单日作业量突破 120 吨，在满足安全作业的基础上大幅提高了物资运输效率。

该施工作业标志着双机同塔位作业已具备推广应用条件。该作业模式可规模化应用于后续的电网基建、应急物资吊运和混凝土浇筑等场景。

施工现场照片

（图片来源：国网电力空间技术有限公司）

第 5 章

电网工程建设标准

5.1 标准制修订

5.1.1 总体情况

截止到 2023 年底，我国共发布国家标准 44499 项，备案行业标准 80828 项，公布团体标准 74240 项，三类标准的数量分别约占总量的 22.3%、40.5%、37.2%。

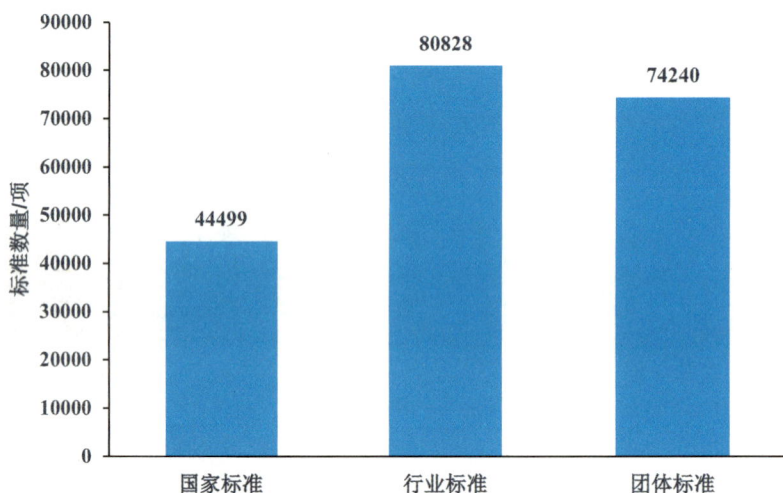

截止到 2023 年底国标、行标和团标的累计数量

（数据来源：《中国标准化发展年度报告（2023 年）》）

2023 年共发布国家标准 2902 项，备案行业标准 4141 项，公布团体标准 23162 项，分别比 2022 年增加 28.1%、18.3%、31.0%。行业标准中，国家能源局管理标准 594 项，比 2022 年增加 12.9%。

分析近年来三类标准的数量，国家标准的占比相对稳定，而行业标准与团体标准的占比则持续呈现此消彼长的态势，表明优化、完善推荐性行业标准，支持培育和发展团体标准的标准化改革成效显著。

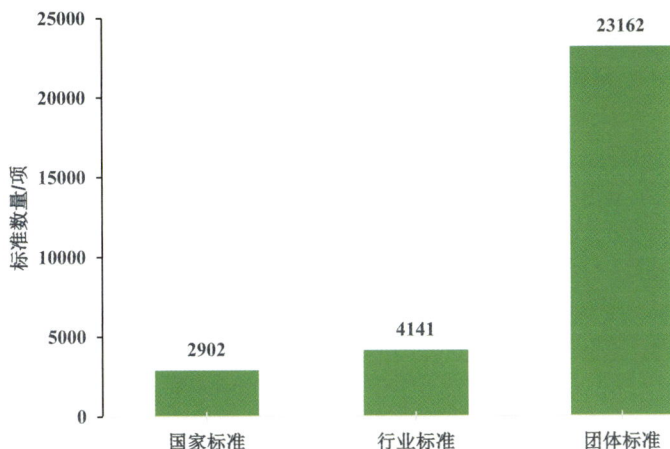

2023 年发布国标、行标和团标三类标准数量

（数据来源：《中国标准化发展年度报告（2023 年）》）

2023 年我国主导或参与制定的国际标准以 IEC 标准为主，电网工程建设领域主要涉及特高压输电、柔性直流输电、电力系统储能等方面。另外，我国还参与制定架空输电线路防振等方面的 IEEE 标准。

5.1.2　工程建设强制性国家规范

住房和城乡建设部自 2017 年开始在原有工程建设国家标准基础上新增了全文强制性的国家工程建设规范。2023 年，共下达 5 项工程建设强制性国家规范编制计划，未正式发布工程建设强制性国家规范。

住房和城乡建设部 2017 年 12 月提出了 138 项工程建设强制性国家规范的研编任务，包含电力工程建设规范共 10 项，于 2021 年正式下达了编制计划如下表所示，其中与电网工程建设相关的规范有 6 项。2023 年 9 月 5 日，住房和城乡建设部在官方网站发布了 10 项规范的征求意见稿，向社会公开征求意见。

表 5-1　电力工程建设强制性国家规范

序号	规范名称
1	变电工程项目规范
2	输电工程项目规范
3	配电工程项目规范
4	火力发电工程项目规范

续表

序号	规范名称
5	核电工程常规岛项目规范
6	风力发电工程项目规范
7	太阳能发电工程项目规范
8	电力系统规划通用规范
9	电力接地通用规范
10	电力工程电气装置安装通用规范

注：电力规划设计总院主编第 1、4、8 项，参编第 2、3 项。

5.1.3 能源领域电力行业标准

受国家能源局委托，电力规划设计总院负责能源领域电力行业标准化管理，设有电力系统规划设计、发电设计、电网设计、火电和电网工程技术经济专业等 4 个能源行业标准化技术委员会。

2023 年国家能源局下达能源领域行业标准制定计划 673 项、修订计划 456 项、外文版翻译计划 64 项，相较于 2022 年的 495 项、356 项、67 项，分别增加 35.9%、增加 28.1%、减少 4.5%。

根据对近年来标准计划数量的分析可知，新立项标准数量虽有一定起伏但总体处于高位，清洁能源、新能源方面的标准需求旺盛；而外文版翻译计划在逐年减少后基本趋于平稳，数量总体偏少，与中文标准数量不匹配，与国际化要求存在较大差距，外文版标准翻译工作仍亟待加强。

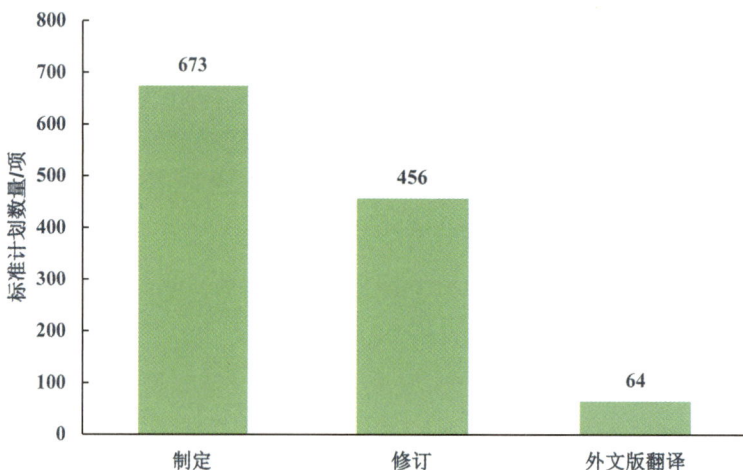

2023 年国家能源局管理的标准计划数量

（数据来源：国家能源局）

2023 年国家能源局在电网工程设计领域下达标准制定计划 9 项、修订计划 1 项；公告发布了新制定标准 12 项、修订标准 8 项，详见下表。

表 5-2　2023 年发布的电网工程设计领域电力行业标准

序号	标准编号	标准名称	制定/修订	实施日期
1	NB/T 11163-2023	统一潮流控制器（UPFC）工程设计规程	制定	2023 年 8 月 6 日
2	NB/T 11164-2023	±800kV 柔性直流换流站设计规程	制定	
3	NB/T 11165-2023	架空输电线路防舞设计规程	制定	
4	DL/T 5219-2023	架空输电线路基础设计规程	修订	
5	DL/T 5393-2023	高压直流换流站接入系统设计内容深度规定	修订	
6	NB/T 11197-2023	输变电工程三维设计技术导则	制定	2023 年 11 月 26 日
7	NB/T 11198-2023	输变电工程三维设计模型分类与编码规则	制定	
8	NB/T 11199-2023	输变电工程三维设计模型交互及建模规范	制定	
9	NB/T 11311-2023	环形截面混凝土电杆结构设计规程	制定	2024 年 4 月 11 日
10	NB/T 11312-2023	高海拔架空输电线路设计技术规程	制定	
11	NB/T 11313-2023	35kV 重覆冰架空输电线路设计规程	制定	
12	NB/T 11314-2023	输电线路共享铁塔设计规程	制定	
13	NB/T 11315-2023	变电站辅助控制系统设计规程	制定	
14	DL/T 5033-2023	交流架空输电线路对电信线路危险和干扰影响防护设计规程	修订	
15	DL/T 5034-2023	电力工程水文地质勘测技术规程	修订	
16	DL/T 5076-2023	220kV 及以下架空送电线路勘测技术规程	修订	
17	DL/T 5430-2023	无人值班变电站远方监控中心设计规程	修订	
18	NB/T 11403-2023	海上柔性直流换流站设计规程	制定	2024 年 6 月 28 日
19	DL/T 5043-2023	换流站初步设计内容深度规定	修订	
20	DL/T 5729-2023	配电网规划设计技术导则	修订	

2023 年国家能源局在电网工程施工及调试领域下达标准制定计划 4 项、修订计划 1 项；公告发布了新制定标准 2 项、修订标准 2 项，详见下表。

表 5-3　2023 年发布的电网工程施工及调试领域电力行业标准

序号	标准编号	标准名称	制定 /修订	实施 日期
1	DL/T 5168-2023	110kV 及以上架空输电线路施工质量检验规程	修订	2024 年 6 月 28 日
2	DL/T 5710-2023	电力建设土建工程施工技术检验检测规范	修订	
3	DL/T 5866-2023	电气装置安装工程盘、柜及二次回路接线施工及验收规范	制定	
4	DL/T 5867-2023	110kV 及以上架空输电线路施工及验收规范	制定	

5.1.4　电网工程建设团体标准

团体标准主要为中国电力企业联合会团体标准（T/CEC）、中国电机工程学会团体标准（T/CSEE）和中国电力规划设计协会团体标准（T/CEPPEA）。T/CEC、T/CSEE 以产品、工艺、试验方法等为主，与电网工程设计、施工直接相关的标准相对较少。

2023 年中国电力企业联合会下达团体标准制修订计划 297 项，发布团体标准 152 项，其中与电网工程建设主要相关的标准计划 9 项，发布 4 项。发布标准见下表。

表 5-4　中国电力企业联合会 2023 年发布的电网工程建设领域团体标准

序号	标准编号	标准名称
1	T/CEC 789-2023	架空输电线路三维地理信息模型构建规范
2	T/CEC 824-2023	临近带电体组塔基架线施工工艺导则
3	T/CEC 5083-2023	架空输电线路杆塔加固修复技术导则
4	T/CEC 5090-2023	架空输电线路螺旋锚基础工程技术规范

2023 年中国电机工程学会下达团体标准计划 108 项，发布团体标准 124 项。其中与电网工程建设主要相关的标准计划 5 项，发布 6 项。发布标准见下表。

表 5-5　中国电机工程学会 2023 年发布的电网工程建设领域团体标准

序号	标准编号	标准名称
1	T/CSEE 0203.3-2023	柔性直流设备调试规程 第 3 部分：机械式高压直流断路器
2	T/CSEE 0203.4-2023	柔性直流设备调试规程 第 4 部分：交流耗能装置
3	T/CSEE 0386-2023	变电站（换流站）电气设备抗震构造措施导则

序号	标准编号	标准名称
4	T/CSEE 0390-2023	额定电压 35kV（Um=40.5kV）及以下交联聚乙烯绝缘电力电缆模塑式接头安装规程
5	T/CSEE 0393-2023	架空输电线路结构可靠性鉴定标准
6	T/CSEE 0401-2023	海上柔性直流换流平台设计规范

2023 年中国电力规划设计协会发布团体标准 27 项，其中与电网工程建设主要相关的标准 8 项，见下表。

表 5-6　中国电力规划设计协会 2023 年发布的电网工程建设领域团体标准

序号	标准编号	标准名称
1	T/CEPPEA 5015-2023	附建式变电站设计规范
2	T/CEPPEA 5020-2023	城市电力电缆隧道规划技术导则
3	T/CEPPEA 5026-2023	低压交直流混合配电网设计规范
4	T/CEPPEA 5027-2023	直流配电网规划设计技术规范
5	T/CEPPEA 5034-2023	海底电缆工程测量技术规程
6	T/CEPPEA 5035-2023	输电线路杆塔地基基础防护加固技术规程
7	T/CEPPEA 5036-2023	架空输电线路工程黄土地区岩土勘测技术规范
8	T/CEPPEA 5037-2023	输变电工程岩溶地区岩土勘测技术规范

团体标准能较快满足市场需求，是国标、行标的有益补充，但在互认度、质量水平等方面还有待提升。

5.2 重点标准解读

5.2.1 《输变电工程三维设计技术导则》NB/T 11197-2023

本标准为新制定,是电网工程三维设计领域系列行业标准之一,自2023年11月26日起实施。本标准适用于110(66)kV及以上电压等级交、直流输变电工程的三维设计,主要技术内容是:总则、术语、一般规定、模型类别、模型编码、协同设计、变电工程、架空线路工程、电缆线路工程。

（1）标准主要特点

1）适用范围广。涵盖了110kV及以上电压等级交、直流输变电工程,适用于变电站、换流站、串补站、架空线路、电缆线路等多种工程类型。

2）针对性强。基于当前计算机软硬件水平和工程三维数字化设计实际情况,从模型分类、编码要求、设计内容等方面,分专业、分阶段详细规定了三维设计的范围及内容。

3）兼容性强。与《输变电工程数据移交规范》GB/T 38436-2019、《输变电工程三维设计模型交互及建模规范》NB/T 11199-2023、《输变电工程三维设计模型分类与编码规则》NB/T 11198-2023、《输变电工程三维协同设计规范》DL/T 5880-2024等三维设计系列标准相互协调,确保在三维设计应用中标准的一致性和兼容性。

（2）标准主要技术要求

本标准在遵循现行国家和行业标准的基础上,进一步明确了以下主要技术要求:

1）模型。明确了三维设计的模型包括:物理模型、逻辑模型和地理信息模型,明确了变电站、换流站、架空线路、电缆线路等工程类型的模型架构。设计中需要建立这三类模型。模型建立的规则应符合NB/T 11199-2023的要求。

2）编码。应按NB/T 11198-2023的要求对模型进行编码。模型应按类型码、系统码、设备码、部件码四级进行分层编码。

3）协同。三维设计应基于统一的设计平台开展专业内和专业间的协同设计,满足实时、透明、可视化的要求。

4）变电工程。基于目前阶段计算机软硬件水平及能力，按照电气一次，系统及电气二次，土建，水工、消防及暖通等专业，对不同设计阶段的设计内容进行详细规定。

5）架空线路工程。要求应用工程地理信息模型构建三维场景开展三维设计。明确地理信息数据的必要内容及分辨率。明确了电网专题数据、电网空间数据、通道数据、勘测数据等内容。按照路径、电气、结构分别规定三维设计的范围及设计内容。

6）电缆线路工程。要求应用工程地理信息模型构建三维场景开展三维设计。明确地理信息数据的必要内容及分辨率。明确了电网专题数据、电网空间数据、通道数据、勘测数据等内容。按照路径、电气、结构、附属设施及监测监控分别规定三维设计的范围及设计内容。

5.2.2　《输变电工程三维设计模型分类与编码规则》NB/T 11198-2023

本标准为新制定，是电网工程三维设计领域系列行业标准之一，自 2023 年 11 月 26 日起实施。本标准适用于 110（66）kV 及以上电压等级交、直流输变电工程三维设计的模型分类与编码，主要技术内容是：总则、术语、模型分类、编码通用规则、变电工程编码、架空线路工程编码、电缆线路工程编码。

（1）标准主要特点

1）兼容性强。继承了《电网工程标识系统编码规范》GB/T 51061-2014 中的相关要求，针对三维数字化设计的特点进行适应性调整，与《输变电工程数据移交规范》GB/T 38436-2019 相协调。此外，还与《输变电工程三维设计技术导则》NB/T 11197-2023、《输变电工程三维设计模型交互及建模规范》NB/T 11199-2023、《输变电工程逻辑模型规范》DL/T 2765-2024、《输变电工程三维协同设计规范》DL/T 5880-2024 等三维设计系列标准相互协调，确保在三维设计应用中标准的一致性和兼容性。

2）适应性强。通过对输变电工程中各专业的详细分类和编码，提供了一个全面的框架，确保每个模型都能被准确标识和管理。同时本标准建立了一个统一的编码体系，从类型码、系统码、设备码到部件码，层次分明，确保编码的唯一性和一致性，确保标准能够应对不断变化的技术环境和需求。

3）针对性强。本标准详细规定了各类变电工程、架空线路工程和电缆线路工程中的专业编码规则；针对输变电工程的各专业，进行了细化分类，每个专业的设计和管理都有详细的编码规则，确保了标准的科学性、合理性和实用性。另外，还针对具体应用场景提供了详细的示例指导。

4）智能化高。充分考虑计算机对数据的读取特点，编程人员通过对标准的学习，能够实现计算机自动编码，自动识别模型，大幅提高设计效率和准确性。

（2）标准主要技术要求

本标准在遵循现行国家和行业标准的基础上，进一步明确了以下主要技术要求：

1）模型分类。规定了输变电工程的分类原则：按照专业、系统、设备和部件四个层级进行分类。变电工程：包括电气、土建、水工及消防、暖通、调相机热机、调相机热控、化学等专业分类。架空线路工程：按照电气和结构专业进行分类。电缆线路工程：按照电气、土建和附属设施专业进行分类。

2）编码通用规则。规定了编码构成：编码应依据模型分类原则进行，分为 0 级、1 级、2 级、3 级，其构成包括类型码、系统码、设备码和部件码，确保编码的唯一性和稳定性，明确了各级编码的具体要求。类型码：用于标识不同专业类别的编码，确保编码的唯一性和稳定性。系统码：由系统前缀号、系统分类码、系统附加码及系统编号组成，确保每个系统的唯一标识。设备码：由设备分类码、设备附加码及设备编号组成，确保每个设备的唯一标识。部件码：由部件分类码和部件编号组成，确保每个部件的唯一标识和可追溯性。层级结构：编码结构应符合层级编码法，从类型码到系统码、设备码再到部件码，确保编码的扩展性和兼容性。

3）变电工程编码。规定了变电工程中各专业的编码规则，包括电气专业中交流电气和直流电气部分的系统码、设备码和部件码，土建专业中建（构）筑物和设备部分的系统码和设备码，水工及消防专业中的给水、排水、冷却和消防部分的系统码和设备码，暖通专业中的通风、采暖、空调部分的系统码和设备码，调相机热机专业和调相机热控专业中的系统码和设备码，以及化学专业中的系统码和设备码，确保变电工程各专业部分的编码一致性和唯一标识。

4）架空线路工程编码。规定了架空线路工程中电气专业和结构专业的编码规则，包括相线系统、极线系统、公用电气系统、防雷和接地系统、监测及警示系统的系统码和设备码，交流构筑物、直流构筑物、登塔设施、防护设施的系统码和设备码，确保架空线路工程各部分的唯一标识和一致性。

5）电缆线路工程编码。规定了电缆线路工程中电气专业、土建专业和附属设施的编码规则，包括相线系统、极线系统、光缆系统、接地系统和防雷设备、照明及动力系统的系统码和设备码，地上电缆通道、地下电缆通道、附属构筑物的系统码和设备码，通信及网络系统、通风系统、排水系统、消防系统、监测监控系统、平台系统的系统码和设备码，确保电缆线路工程各部分的唯一标识和一致性。

5.2.3 《输变电工程三维设计模型交互及建模规范》NB/T 11199-2023

本标准为新制定，是电网工程三维设计领域系列行业标准之一，自 2023 年 11 月 26 日起实施。本标准适用于 110（66）kV 及以上电压等级交、直流输变电工程三维设计的模型交互和模型建立，主要技术内容是：总则、术语、一般规定、模型交互、变电工程模型、架空线路工程模型、电缆线路工程模型。

本标准对输变电工程三维设计模型的交互规则和建模方法进行了规范统一，实现三维设计数据在不同软件、平台之间数据互通，并满足可编辑和互操作性需求。交互规则包括三维模型文件格式、模型架构、存储结构、层级管理等技术要求；建模方法包括模型构建规则、图形几何信息细度和属性信息细度等要求。本标准根据《输变电工程三维设计模型分类与编码规则》NB/T 11198-2023 进行模型编码，满足模型的唯一性识别、模型快速检索要求。

（1）标准主要特点

1）开放性。规定的模型交互文件格式采用公开文件格式，非私有格式文件，统一采用标准的 UTF-8（不含 BOM）编码确保后续应用更方便解析。建筑水暖系统的模型采用 IFC（Industry Foundation Classes）文件格式进行数据交互，与建筑工程领域的 BIM 标准体系相兼容。

2）规范化。对输变电工程模型的度量单位统一、层级划分统一、分类与编码统一、建模规则统一、属性定义统一，对三维设计起到规范化作用。

3）专业化。结合输变电工程规划、建设、运行等特点，参考 IFC 数据结构，自主可控定义电气系统模型交互规则，不受其他软件平台限制，纯数据级交互，化繁为简、因地制宜，满足电网工程各个阶段的数据需求，实现几何模型与工程数据的跨平台编辑与信息共享。

4）参数化。确定了电气设备采用以参数化驱动基本图元的实体建模方法，规定了输变电常用的 29 种参数驱动的基本图元，满足输变电工程建模需要。

5）可扩展性。定义了建模原则，几何模型支持多层级扩展及应用，属性信息支持从字段到属性表的任意扩展，充分满足电网工程在运维阶段的扩展要求，支撑电网信息模型的数字孪生应用。

（2）标准主要技术要求

本标准在遵循现行国家和行业标准的基础上，进一步明确了以下主要技术要求：

1）输变电工程三维设计模型文件的格式为 *.GIM，包括：几何模型（*.mod、*.stl）、几何模型组（*.phm）、物理模型（*.dev、*.ifc）、组装模型（*.cbm）、逻辑模型（*.sch）、属性信息（*.fam 及其引用的逻辑描述文件 *.icd、*.ipd、*.cpd）以及补充材料单（*.xml）。明确了输变电工程三维设计模型文件目录结构。

2）模型文件(*.GIM)采用分层管理，明确了每个层级所包含的模型、文件及逻辑符号应符合的引用关系。

3）模型文件的交互方法在附录 A 明确规定，同时给出一些示例，方便软件商理解，开发交互程序，培养行业生态。

4）输变电工程的系统层级划分依据《输变电工程三维设计模型分类与编码规则》NB/T 11198-2023 执行，关键系统层级节点的属性在附录 C 中明确规定。

5）对输变电工程的各类模型建模的几何信息细度、属性信息细度、模型插入点、模型配色等进行了准确定义。

5.2.4　《海上柔性直流换流站设计规程》NB/T 11403-2023

本标准为新制定，是国内首部针对海上柔性直流换流站工程设计的行业标准，自 2024 年 6 月 28 日起实施。本标准适用于采用对称单极接线的海上柔性高压直流换流站设计，主要技术内容是：总则、术语、站址及建造基地、交流系统基本条件及直流输电系统的性能要求、电气一次、二次系统、通信、平台布置、结构、给排水、冷却系统、供暖通风及空调、消防、逃生与救生设施、施工组织、环境保护。

本标准编制广泛收集生产单位的实际应用情况、设备运行情况、事故案例，深入分析使用单位的意见和建议，借鉴国内外近年来在海上柔性直流换流站工程的设计经验，在国内首次提出海上柔性直流换流站设计的原则和要求，在站址选择、直流输电系统的性能要求、换流站电气设计、主要设备选择、控制和保护系统设计、通信设计、辅助系统设计等方面给出了设计依据，并重点针对海上柔性直流换流站全户内式布置、海洋高盐雾腐蚀环境、无人值守等特点提出具体要求。主要技术要求总结如下：

（1）针对海上柔性直流换流站在海上建设的特点，首次提出了适应海洋环境特色的站址选择原则和要求。同时，结合海上柔性直流换流站"陆上建造、海上就位"的特点，给出了建造基地的选择原则和要求。

（2）参照《柔性直流输电换流站设计标准》GB/T 51381-2019 的相关规定，结合海上柔性直流换流站交流弱系统条件，以及对称单极接线的适用范围，简化交流系统基本条件和直流输电系统性能要求及指标，补充直流输电系统应避免与海上交流系统间谐波谐振的要求。

（3）针对海上柔性直流换流站轻型、紧凑化设计的原则，主接线方面提出：柔直变压器宜选用不少于 2 台容量相同的并联变压器。同时，直流接地点、直流耗能装置、直流电抗器、启动回路均宜设置在陆上换流站，海上换流站不宜设置。

（4）针对海上柔性直流换流站全户内布置、海洋高盐雾腐蚀环境、运输及运行期间的倾斜、摇晃和振动的特点，首次在换流站设备选型方面提出了设备防腐等级设计、VSC 阀模块化冗余设计、柔直变压器容量冗余设计等具体适海性要求。

（5）根据海上柔性直流换流站运行环境，提出海上换流站交、直流侧均可不考虑雷电过电压等影响。同时，提出海上柔性直流换流站宜选用避雷针及金属结构物作为接闪器进行直击雷保护。接地方面，提出海上柔性直流换流站应充分利用平台钢管桩作为全站接地极。

（6）按照电气回路连接顺畅、运维检修试验便利、上部组块重心控制合理等原则，首次提出了海上柔性直流换流站电气设备布置要求，包括总布置原则以及各功能分区设备要求。

（7）针对海上柔性直流换流站外引电源困难的特点，为保证站用电源可靠性以及直流系统黑启动的要求，提出海上柔性直流换流站应急电源宜采用柴油发电机组，并针对柴油发电机组提出具体技术要求。

（8）海上柔性直流换流站站内电缆应采用阻燃型电缆，10kV 及以下电缆宜采用船用电缆。

（9）海上柔性直流换流站的导航系统应满足海事管理的要求。有直升机起降需求时，还应满足航空管理的要求。

（10）海上换流站内的交、直流系统应合建一个统一平台的监控系统，设备配置和功能要求应按无人值班设计。

（11）海上换流站监控系统宜采用分层、分布式的网络结构，由站控层、控制层及就地层设备组成。各层网络和设备应相互独立，减少相互影响。

（12）海上换流站应配置交直流共用的保护及故障信息管理子站，宜与陆上换流站共用一套，也可独立配置。保护及故障信息管理子站应实时采集交流系统保护、直流系统保护、交／直流暂态故障录波装置的信息。

（13）二次设备房间和通信机房宜合并设置。蓄电池室宜独立设置，并紧邻直流屏布置的房间。阀冷控制保护设备宜靠近阀冷设备布置。

（14）根据海上换流站的受力特点，针对性地总结了海上换流站的结构极限状态设计方法，规定了结构安全等级和工作年限。

（15）明确了海上换流站在不同状态下的受力工况，包括了在位状态中的极端、正常运行、疲劳、地震工况和施工状态的装船、运输、吊装和浮拖安装工况，并针对性提出了海上换流站结构分析的具体内容和深度要求。

（16）明确了海上换流站的腐蚀工作年限，并给出了结构腐蚀设计的原则要求。

（17）首次提出海上换流站冷却系统的设置原则，明确了海水取水口设置原则。

（18）针对海上换流站提出了供暖通风及空调设计原则，并针对房间正压值、进排风口距离给出了推荐性设置要求。

（19）明确了海上换流站的各处所及部位防火危险性分类及耐火分隔等级。

（20）结合海上换流站布置特点，提出了海上换流站逃生与救生设施的计算及布置原则。

（21）结合海上换流站设计特点，提出海水水质、沉积物等环境保护相关规定和要求，同时提出海洋生态保护设计、固体废弃物环境保护设计等相关规定。

5.2.5　《变电站辅助控制系统设计规程》NB/T 11315-2023

本标准为新制定，是电网工程建设领域首部针对交流变电站辅助控制系统设计的行业标准，自 2024 年 4 月 11 日起实施。本标准适用于 110（66）~1000kV 电压等级变电站新建、改扩建工程，主要技术内容是：总则、术语、系统构架、系统功能、设备配置、通信接口、设备布置、电源及接地、线缆选择及敷设。

本标准充分总结吸收变电站辅助控制系统设计、运行成果和经验，技术内容既突出安全可靠，又兼顾经济性、先进性和可实施性，适应性强。除其他现行国标、行标的相关规定以外，主要新增、强调或明确了以下要求：

（1）在遵循《智能变电站设计技术规定》DL/T 5510-2016 第 6.7.1 条规定基础上，进一步明确了辅助控制系统由系统后台、一次设备在线监测、安全防卫、火灾消防报警、动力环境监测和智能巡视子系统等组成，实现各子系统的监控以及各子系统之间的联动控制。首次明确了辅助控制系统宜采用分层、分布式网络架构，由站控层、前端传感层以及网络设备构成。

（2）参照《电力监控系统网络安全防护导则》GB/T 36572 和《信息安全技术网络安全等级保护基础要求》GB/T 22239 的相关规定，一次设备在线监测、安全防卫、火灾消防报警、动力环境监测等子系统宜部署在安全区 II 或安全区 III/IV，智能巡视子系统及无线传感器接入宜部署在安全区 III/IV。辅助控制系统和变电站监控系统之间应采用安全防护设备实现安全隔离。

（3）明确了辅助控制系统服务器和工作站宜单套配置；明确了用于安全防范周界摄像机及大门摄像机视频图像存储时间不应少于 90 天，其他摄像机视频图像存储时间不宜少于 30 天，并在条文说明中给出了视频存储设备容量的估算方法。首次在行业标准中提出无线接入设备应配置汇聚节点，采用公共网络接入时宜配置安全接入网关。

（4）明确了各类前端设备的配置原则。规定了布置有隔声屏障的围墙可不配置电子围栏、特高压 1000kV 变电站设备室可配置红外双鉴探测器用于非法入侵监测。

（5）首次在行业标准中提出信息传输单元的配置和应用要求。明确了在线监测系统用于变压器、GIS/HGIS、开关类设备、独立避雷器等监测的信息传输单元的配置原则。明确了火灾消防报警系统宜通过火灾消防信息传输单元实现站内火灾、消防信息。规定了变电站宜集中或按区域配置动力环境信息传输单元。

（6）根据《电力系统治安反恐防范要求第 1 部分：电网企业》GA1800.1 要求，首次在行业标准中提出治安反恐要求：可配置电子巡查系统、反无人机防御系统等设备，根据属地公安的要求可预留与公安 110 联动功能，提高系统的入侵报警等级。

（7）首次在行业标准中提出智能巡视系统配置原则。规定了智能巡视系统的设备组成，明确了巡视主机、红外测温摄像机、声纹监测装置的配置原则。考虑经济性要求，规定采用双光谱红外摄像机、巡视机器人或无人机时，应减少相应摄像机配置数量。

（8）根据《交流电气装置的过电压保护和绝缘配合设计规范》GB/T 50064 和《建筑物电子信息系统防雷技术规范》GB 50343 的防雷及过电压保护要求，进一步明确了设备接口宜装设雷电保护及过电压保护电路，前端设备宜加装电源防雷模块。规定了系统内各设备接地宜共用变电站的主接地网。明确系统服务器及工作站应采用交流不间断电源供电，其他设备宜采用站内 220V 交流电源供电。

5.2.6　《无人值班变电站远方监控中心设计技术规程》DL/T 5430-2023

本标准是对原《无人值班变电站远方监控中心设计技术规程》DL/T 5430-2009 的修订，自 2024 年 4 月 11 日起实施。本标准适用于 500kV 及以下无人值班变电站远方监控中心的设计，主要技术内容是：总则、术语和缩略语、站址选择及建设模式、远方监控中心监控系统、信息传输及交互、通信、基础设施及辅助系统。

本标准在深入调查分析电网企业、发电企业、电力用户设置远方监控中心需求的差异以及与现行标准的差异基础上制定，技术内容既突出适用性，又兼顾经济性，切实符合生产运行的需求。标准继承了现行国家、行业相关设计标准关于远方监控中心选址、系统建设等各方面的主要条文，至少与现行 19 项国家标准、10 项行业标准的相关内容相协调，除此以外主要新增、强调或明确了以下要求：

（1）进一步明确了远方监控中心宜设置在调度中心或所辖范围内变电站中。当单独选址时，站址选择应符合《35kV~110kV 变电站设计规范》GB 50059 和《220kV~750kV 变电站设计技术规程》DL/T 5218 的有关规定。

（2）提出了远方监控中心监控系统的建设模式，宜独立设置。当与调度自动化系统集成时，可采用终端代理服务器延伸模式或网络延伸模式。

（3）针对远方监控中心监控系统独立建设模式，提出了监控系统的架构、功能、软硬件配置以及安全防护等方面的技术原则和要求。

（4）明确了远方监控中心与变电站、调度等进行信息交互的传输通道及带宽要求，规定了信息交互的传输协议。

（5）提出了监控中心光传输、调度电话、行政电话、数据通信网、通信动力环境监控设备及 −48V 通信直流电源的设计原则，当监控中心与调度中心或区域变电站合建时，相关设备可共用。

（6）针对远方监控中心的基础设施和辅助系统，明确了 UPS 电源系统、动力及环境监控系统、空气调节系统、综合布线系统和消防系统的设置原则及要求。

（7）明确了远方监控中心机房宜采用气体灭火系统。

5.2.7　《高海拔架空输电线路设计技术规程》NB/T 11312-2023

本标准为新制定，是国内首部针对高海拔地区架空输电线路设计的行业标准，自 2024 年 4

月 11 日起实施。本标准适用于海拔范围 3000m ～ 5500m 地区的交流 110kV ～ 750kV 架空输电线路设计，主要技术内容是：总则，术语和符号，路径，气象条件，导线和地线，绝缘子和金具，绝缘配合、防雷和接地，导地线布置，杆塔和基础，交叉跨越与对地距离，环境保护和水土保持，劳动安全和工业卫生，附属设施。

除其他现行国家标准、行业标准的相关规定以外，本标准主要新增、强调或明确了以下要求：

（1）针对高海拔地区具有地域特点的自然人文景观等环境敏感区和永久性冻土、沼泽、危岩、雪崩等影响线路安全施工、运行的不良地质地带，提出了路径选择原则。

（2）高海拔地区山脉绵延，峡谷深邃，地形起伏剧烈，微地形微气象现象突出，设计风速选取应考虑沿线微地形、微气象对风速增大的影响。

（3）提出了高寒山区防振设计温度取值要求。

（4）高海拔地区气压降低，电磁环境恶化，提出了高海拔架空输电线路导线可听噪声和无线电干扰预测值应随海拔高度进行校正，地线也应按照电晕起晕条件进行校验的要求；提出了高海拔地区线路防护金具防电晕设计要求。

（5）高海拔绝缘配合方面，提出污耐压法绝缘子串片数计算公式；提出绝缘子污闪电压和空气间隙放电电压的海拔修正因子，推荐了不同电压等级、不同海拔下工频电压（含相间）、操作过电压（含相间）、雷电过电压、带电检修等不同工况下空气间隙建议取值；提出高海拔地区防鸟害空气间隙取值建议。

（6）导地线的线间距离方面，在距离公式中的操作过电压间隙部分引入海拔修正系数。

（7）基于《110kV ～ 750kV 架空输电线路设计规范》GB 50545 对地距离和交叉跨越结论，提出按操作过电压确定的对地距离和交叉跨越距离，在高海拔地区应计入操作过电压间隙海拔修正的要求。

（8）提出了高海拔生态脆弱区域环境保护和水土保持的专项设计要求。

（9）针对高海拔地区普遍存在高寒缺氧、物资匮乏、经济落后、交通不便、民族宗教问题复杂等自然社会环境因素，参考以往川藏联网、藏中联网和藏中与阿里联网工程等多个高海拔地区输电线路建设经验，提出可根据工程实际情况制定后勤保障、医疗保障和通信保障措施，保障人员身体健康，作业安全的特殊要求。

5.2.8 《输电线路共享铁塔设计规程》NB/T 11314-2023

本标准为新制定，是国内首部关于电力与通信铁塔共享的行业标准，自 2024 年 4 月 11 日起实施。本标准适用于新建、既有 35kV ～ 500kV 交流架空输电线路杆塔的共享设计，主要技术内容是：总则、术语和符号、基本规定、选址、通信设施、电气设计、结构设计、环境保护、劳动安全。

　　本标准贯彻践行创新、协调、绿色、开放、共享的新发展理念，在安全可靠、先进适用、资源节约、环境友好等原则下，统筹协调了电力和通信两个行业的相关标准，明确了共享铁塔的主要设计原则和技术要求，填补了国内输电线路杆塔在通信共享设计方面的空白，主要体现在：

　　（1）吸收近年来国内共享铁塔的研究成果和工程经验，系统性地分析梳理了共享铁塔设计的技术要求，首次形成覆盖全面的技术标准，明确了共享铁塔特有的技术规定，有效解决了制约共享铁塔设计的技术问题。

　　（2）对电力和通信行业相关技术标准的差异性进行了深入分析，兼顾协调统一，突出工程应用，首次提出了明确的规定，如设计气象重现期、通信设备覆冰厚度和风振系数的取值，铁塔的构件长细比、结构挠度限值，工频接地电阻值等。

　　（3）对国内共享铁塔设计亟待解决的技术问题，提出了明确的技术要求和规定，如防雷设计宜按滚球法计算保护范围，接地系统宜与铁塔接地装置进行等电位连接，电磁辐射对周围环境的影响评估等。

　　（4）根据近年来国内共享铁塔建设情况，首创提出了共享铁塔分类设计的概念，明确新建共享铁塔和既有杆塔的设计原则和设计方法，有效增加了标准的适用范围，满足了共享铁塔建设发展的需求。

　　（5）统筹考虑行业双方后期运维检修，对涉及双方的交互内容和边界进行了规定，如天线承挂高度、天线布置方案、天线和在线监测装置同塔、线缆敷设、基站机房（柜）的布放、基站供电方式和路由等。

5.3 标准建设重要文件

5.3.1 《碳达峰碳中和标准体系建设指南》

2023 年 4 月 1 日，国家标准化管理委员会、国家发展和改革委员会、工业和信息化部、自然资源部、生态环境部、住房和城乡建设部、国家能源局等 11 个部门联合印发了《碳达峰碳中和标准体系建设指南》。碳达峰碳中和标准体系包括基础通用标准子体系、碳减排标准子体系、碳清除标准子体系和市场化机制标准子体系等 4 个一级子体系，并进一步细分为 15 个二级子体系、63 个三级子体系。该体系覆盖能源、工业、交通运输、城乡建设、水利、农业农村、林业草原、金融、公共机构、居民生活等重点行业和领域碳达峰碳中和工作，以满足地区、行业、园区、组织等各类场景的应用。

指南细化了每个二级子体系下标准制修订工作的重点任务。在基础通用标准领域，主要包括碳排放核算核查、低碳管理和评估、碳信息披露等标准，推动解决碳排放数据"怎么算""算得准"的问题。在碳减排标准领域，主要推动完善节能降碳、非化石能源推广利用、新型电力系统、化石能源清洁低碳利用、生产和服务过程减排、资源循环利用等标准，重点解决碳排放"怎么减"的问题。在碳清除标准领域，主要加快固碳和碳汇、碳捕集利用与封存等标准的研制，重点解决碳排放"怎么中和"的问题。在市场化机制标准领域，主要加快制定绿色金融、碳排放交易和生态产品价值等标准，推动解决碳排放可量化可交易的问题，支持充分利用市场化机制减少碳排放，实现碳中和。

"碳减排标准子体系"下，"新型电力系统"的标准重点建设内容如下：

电网侧领域重点制修订变电站二次系统技术标准，交直流混合微电网运行、保护标准，新能源并网、配电网以及能源互联网等技术标准。

电源侧领域重点制修订分布式电源运行控制、电能质量、功率预测等标准。

负荷侧领域重点制修订电力市场负荷预测，需求侧管理，虚拟电厂建设、评估、接入等标准。

储能领域重点制修订抽水蓄能标准，电化学、压缩空气、飞轮、重力、二氧化碳、热（冷）、氢（氨）、超导等新型储能标准，储能系统接入电网、储能系统安全管理与应急处置标准。

5.3.2 《新型储能标准体系建设指南》

2023年2月22日，国家标准化管理委员会、国家能源局发布《新型储能标准体系建设指南》，共出台205项新型储能标准。

指南提出，2023年制修订100项以上新型储能重点标准，加快制修订设计规范、安全规程、施工及验收等储能电站标准，开展储能电站安全标准、应急管理、消防等标准预研，尽快建立完善安全标准体系，结合新型电力系统建设需求，初步形成新型储能标准体系，基本能够支撑新型储能行业商业化发展。

到2025年，在电化学储能、压缩空气储能、可逆燃料电池储能、超级电容储能、飞轮储能、超导储能等领域形成较为完善的系列标准；加强与国内外标准化组织技术交流，着力打破产业发展瓶颈，规范引导产业高质量发展，保障储能电站安全；加大国际标准化力度，深度参与国际电工委员会（IEC）国际标准化工作，支撑标准走出去。逐步构建适应技术创新趋势、满足产业发展需求、对标国际先进水平的新型储能标准体系。

5.3.3 《国家标准管理办法》

2023年3月1日，国家市场监督管理总局最新修订的《国家标准管理办法》正式开始施行。新《办法》聚焦贯彻落实《中华人民共和国标准化法》和《国家标准化发展纲要》相关要求，总结多年来标准化工作实践经验，是国家标准管理工作的重要制度性安排，对规范国家标准制定实施各环节提出了全面系统的要求。

本次修订的主要内容和亮点为：一是细化国家标准的制定范围。新版《办法》结合国家标准化工作实践，进一步细化了国家标准的制定范围，新增"社会治理、服务，以及生产和流通的管理等通用技术要求"等需要制定国家标准的情况，并在此基础上区分了推荐性标准和强制性标准。对农业、工业、服务业以及社会事业等领域需要在全国范围内统一的技术要求，应当制定国家标准（含标准样品）；保障人身健康和生命财产安全、国家安全、生态环境安全以及满足经济社会管理基本需要的技术要求，应当制定为强制性国家标准，其他的制定为推荐性国家标准。二是明确制定国家标准的要求。新版《办法》为保障标准的科学性、有效性，增设标准立项评估、报批稿审核及标准实施效果评估制度。为提升标准制定透明度，强化征求意见、技术审查的相关程序要求。为提升标准的适用性，严格要求标准制定周期，新版《办法》规定，强制性国家标准从计划下达到报送报批材料的期限一般不得超过二十四个月。新版《办法》明确国家标准涉及专利的处理原则，国家标准一般不涉及专利，国家标准中涉及的专利应当是实施该标准必不可少的专利，其管理按照国家标准涉及专利的有关管理规定执行。三是增加标准供给手段。为满足不断增长的标准需求，加强政府主导制定标准与市场主导制定标准的衔接，新版《办法》规定，对具有先进性、引领性，实施效果良好，需要在全国范围推广实施的团体标准，可以按程序制定为国家标准。新版《办法》指出，对技术尚在发展中，需要引导其发展或具有标准化价值，暂时不能制定为国家标准的项目，可以制定为国家标准化指导性技术文件。四是促进标准实施。新版《办法》明确新旧标准转换效力。规定"国家标准的发布与实施之间应当留出合理的过渡期。国家标准发布后实施前，企业可以选择执行原国家标准或者新国家标准。新国家标准实施后，原国家标准同时废止。"新版《办法》明确国家标准宣贯和解释。规定国家标准发布后，各级标准化行政主管部门、有关行政主管部门、行业协会和技术委员会应当组织国家标准的宣贯和推广工作。国家标准由国务院标准化行政主管部门解释，国家标准的解释与标准文本具有同等效力。解释发布后，国务院标准化行政主管部门应当自发布之日起二十日内在全国标准信息公共服务平台上公开解释文本。对国家标准实施过程中有关具体技术问题的咨询，国务院标准化行政主管部门可以委托国务院有关行政主管部门、行业协会或者技术委员会答复，相关答复应当按照国家信息公开的有关规定进行公开。

5.3.4 《行业标准管理办法》

2023 年 11 月 28 日，国家市场监督管理总局发布新修订的《行业标准管理办法》，于 2024 年 6 月 1 日正式施行。办法对于进一步优化行业标准体系结构，坚持统一管理、分工负责，统筹协调好行业标准制定实施工作，切实加强标准化宣传，持续夯实标准化发展基础，深入推动建设高效规范、公平竞争、充分开放的全国统一大市场具有重要意义。

本次修订的主要内容和亮点为：一是着力健全行业标准协调机制。根据《中华人民共和国标准化法》等新要求，在行业标准制定起草、组织实施等环节设置标准间协调配套规定，健全行业标准协调推进机制，构建协调配套、简化高效的行业标准管理体制。二是重点防范利用行业标准限制竞争。《办法》明确规定，禁止利用行业标准设置奖励资格、许可认证、审批登记、评比达标等事项，禁止政府通过行业标准实施排除限制市场竞争，促进持续优化营商环境，释放经营主体活力。三是系统构建行业标准监管制度。增加国务院有关行政主管部门自我监督、国务院标准化行政主管部门监督抽查、通过投诉举报渠道进行社会监督等相关要求，完善行业标准管理的法律责任，构建系统全面、主体责任明确的行业标准监管制度。四是促进行业标准依法公开。《办法》明确规定行业标准公开的主体责任，鼓励通过全国标准信息公共服务平台公开行业标准文本，供公众查阅。

5.3.5 《推荐性国家标准采信团体标准暂行规定》

2023 年 8 月 6 日，国家标准化管理委员会印发《推荐性国家标准采信团体标准暂行规定》。《暂行规定》结合我国现有推荐性国家标准和团体标准特点，在推荐性国家标准工作机制基础上，畅通渠道、简化程序、缩短时间，规范国家标准采信团体标准程序。《暂行规定》的出台，搭建了先进适用团体标准转化为国家标准的渠道，将有效促进团体标准创新成果推广应用，增加推荐性国家标准供给，提升国家标准质量水平。

采信条件：一是符合推荐性国家标准制定需求和范围，技术内容具有先进性、引领性。二是由符合团体标准化良好行为标准的社会团体制定和发布。三是团体标准实施满 2 年，且实施效果良好。

采信原则：坚持需求导向和社会团体自愿原则。针对国家标准体系中缺失的重要标准，在充分尊重社会团体意愿基础上，组织团体标准采信工作。采信团体标准的推荐性国家标准与被采信团体标准技术内容原则一致。

国务院标准化行政主管部门统一管理推荐性国家标准采信团体标准的工作。全国专业标准化技术委员会受国务院标准化行政主管部门委托，承担采信标准的起草、征求意见、技术审查工作。

5.3.6 《企业标准化促进办法》

2023 年 8 月 31 日，国家市场监督管理总局修订出台了《企业标准化促进办法》，于 2024 年 1 月 1 日起正式施行。办法聚焦政府职能转变，着力激发企业主体创新活力，规范企业标准化工作，引领企业标准化水平提升。

本次修订的主要内容和亮点包括：一是调整企业标准管理模式。根据《标准化法》和加快建设全国统一大市场、营造稳定公平透明可预期的营商环境的新要求，对企业产品和服务标准自我声明公开和监督制度进行细化，强化企业主体地位、落实企业主体责任，政府标准化工作职能重心从标准管理转为服务企业标准化工作，将规章名称由"企业标准化管理办法"调整为"企业标准化促进办法"。二是构建企业标准政策体系。首次明确企业标准公开的功能指标和性能指标项目少于或者低于推荐性标准的，应当在自我声明公开时进行明示，进一步加强企业产品和服务质量标准信息披露，提升市场透明度。同时，建立标准创新型企业制度、标准融资增信制度、企业标准"领跑者"制度，开展对标达标活动和企业标准化良好行为创建等，多层次、多角度引导和激励企业提升标准化工作水平。三是完善产品包装标准的明示要求。首次明确要求公开限制过度包装商品的包装标准，明确企业应当按照有关规定公开其产品包装物所采用的包装标准，为强化社会监督，制止商品过度包装提供法治保障。四是强化企业标准事中事后监管。建立"双随机、

—公开"的企业标准监管制度，有针对性地明确各类违法行为的处罚措施，确保《企业标准化促进办法》各项规定落地见效。

5.3.7 《2024 年全国标准化工作要点》

2024 年 2 月 5 日，国家标准化管理委员会印发《2024 年全国标准化工作要点》，从（一）着力扩大国内需求，加快推进新一轮标准升级；（二）培育国际竞争合作新优势，大力实施标准国际化跃升工程；（三）大力建设现代化产业体系，集中力量开展一批标准稳链重大标志项目；（四）加快推动全国统一大市场建设，持续优化新型标准体系、着重强化标准实施应用；（五）建设更高水平开放型经济新体制，稳步扩大标准制定型开放；（六）实现标准化事业自身高质量发展，着力夯实标准化发展基础、扩大标准化影响力等方面，部署了 90 项工作。其中包括：

（1）在新型储能、氢能、安全应急装备等领域超前布局一批新标准，引导产业发展方向，积极培育新业态新模式。

（2）探索在新能源汽车、新型电力系统、新一代信息技术等重点领域组建一批国际标准化创新团队，加强国际标准化人才库建设。

（3）加强标准信息交流对话，进一步完善共建"一带一路"国家标准信息平台，开展标准互换，持续推动电动汽车、电力等领域中外标准互认合作。

（4）持续优化国家标准和行业标准体系，在土方机械、风电设备等重点领域开展标准体系优化升级试点，围绕产业领域发展需求，加大力度整合一批、修订一批、制定一批、废止一批标准。

（5）围绕新型基础设施、碳达峰碳中和等重点领域，积极转化先进适用的国际标准，提升国内国际标准一致性水平。

（6）结合共建"一带一路"国家在产业、贸易、科技和工程建设等领域合作需求，加快中国标准外文版编译，加大中国标准海外应用和互认度。

（7）提升全国专业标准化技术委员会与国际对应程度，提高技术委员会委员成为国际标准注册专家的比例。

（8）加快出台关于深化推动标准化与科技创新互动发展的指导意见。

5.3.8 《2024 年国家标准立项指南》

2024 年 1 月 10 日，国家标准化管理委员会印发《2024 年国家标准立项指南》。指南分为总体要求、立项重点、申报要求、申报材料、其他事项等五部分。

总体要求：（一）围绕扩大内需加快标准升级；（二）围绕对外开放推进国家标准与国际

标准体系兼容；（三）围绕产业稳链加大关键标准研制；（四）围绕全国统一大市场建设强化标准体系协调性；（五）围绕全域标准化持续优化体系结构；（六）围绕统筹发展和安全筑牢标准底线。

立项重点：（一）消费品领域；（二）装备制造领域；（三）材料领域；（四）新兴技术领域；（五）新能源领域；（六）节能减污领域；（七）绿色低碳领域；（八）农业农村领域；（九）现代服务业领域；（十）安全应急领域；（十一）行政管理和社会服务领域；（十二）国家标准样品。其中包括：

新能源领域：制定新型储能施工验收、设备运行维护、储能系统接入电网、安全管理与应急处置等标准，加强电化学、机械储能等多样化新型储能安全标准研制，制修订电力需求侧管理、虚拟电厂等标准。修订变压器、开关和控制设备、直流输电设备等高压输电标准，完善配电机柜、电气安全等低压配电领域标准。

绿色低碳领域：加强碳捕集、封存和利用标准研制，制定重点行业碳排放核算标准和重点产品碳足迹标准。

安全应急领域：修订火灾探测报警设备、固定和移动灭火设备等标准，制定电力、机械、建筑等高危行业防护装备配备标准，完善呼吸防护、防护服装、坠落防护等个体防护装备标准。

5.3.9　《2024 年能源行业标准计划立项指南》

2024 年 2 月 7 日，国家能源局综合司印发《2024 年能源行业标准计划立项指南》。指南分为总体要求、立项重点、申报要求、申报材料、报送方式、项目管理等六部分，主要内容有：

总体要求：（一）坚持需求导向；（二）强化体系引领；（三）提升标准质量；（四）加强国际合作。

立项重点：

（一）行业标准制修订计划

1. 立足能源安全和促进能源绿色低碳转型。服务和保障能源安全稳定供应，支撑能源碳达峰、碳中和目标的行业标准计划；支撑新型电力系统和新型能源体系建设，促进能源绿色低碳转型、新兴技术产业发展、能效提升和产业链碳减排等重点方向的行业标准计划。

2. 服务行业管理和发展。服务能源行业发展规划和监督管理需要的行业标准计划；与相关国家标准的实施相配套的行业标准计划。

3. 促进产业提质增效。显著提升能源行业整体技术水平和产品、服务质量的行业标准计划；与科技创新有效互动的行业标准计划；推进能源领域数字化、智能化关键技术创新的行业标准计划。

4. 提升行业标准国际化水平。对标国外、国际先进标准，有利于提升中国标准国际公信力、影响力，提升标准互认水平，支撑能源项目、工程、装备走出去的行业标准计划。

各专业领域重点方向见附表。

（二）行业标准外文版翻译计划

在加强能源领域对外贸易、服务、承包工程所需的成套标准外文版体系研究的基础上，鼓励申报行业标准外文版翻译计划。鼓励标准外文版翻译计划与标准计划同步立项、同步制定、同步发布。

附表：2024 年能源行业标准计划立项重点方向（电力及相关部分）

专业方向	领域	重点方向
A 电力	A1 电力系统安全稳定	A11 电力系统分析认知，A12 电力系统规划设计、运行控制、故障防御、网源协调、安全生产、风险控制、安全评估，A13 新能源发电涉网安全，A14 电力可靠性管理，A15 电力监控系统安全保护，A16 电力关键信息基础设施安全保护，A17 直流输电系统安全管理，A18 密集输电通道安全管理及灾害监测预警，A19 其他
	A2 火电	A21 煤电能效提升，A22 煤电灵活性调节，A23 煤电供热改造，A24 煤电减排降碳，A25 煤电智能化，A26 火力发电碳捕集利用与封存，A27 燃气轮机，A28 其他
	A3 输配电关键技术	A31 特高压交、直流，A32 智能变电及配电网，A33 微电网，A34 新型输电技术，A35 电力领域北斗、5G 和电力机器人等数字化智能化新技术应用，A36 其他
	A4 电力需求侧管理	A41 电力需求侧资源管理开发，A42 虚拟电厂，A43 电动汽车充电设施，A44 岸电系统，A45 综合能源，A46 其他
	A5 电力市场和供电服务	A51 电力市场准入，A52 电力市场品种规范，A53 电力市场计量和结算，A54 电力市场数据，A55 供电服务能力，A56 供电服务质量，A57 电力行业信用体系建设，A58 其他
	A6 电力装备	A61 试验检测技术，A62 适用于新型电力系统的功能要求，A63 电力装备碳足迹，A64 绿色环保装备，A65 北斗应用，A66 其他
E 新能源和可再生能源	E1 水电（含抽水蓄能）	E11 抽水蓄能，E12 水电数字化、智能化，E13 水电更新改造、扩机增容，E14 水电梯级融合改造，E15 水电碳减排与节能增效，E16 水电可持续发展及后评估，E17 水电运行管理、应急管理、安全监测，E18 水电防汛，E19 其他
	E2 风电	E21 海上风电，E22 分散式风电，E23 老旧风电站升级改造、风电机组退役回收与再利用，E24 质量验收与安全管理，E25 其他
	E3 光伏和光热	E31 分布式光伏，E32 海上光伏，E33 户用光伏，E34 老旧光伏电站升级改造、组件退役回收与再利用，E35 光热，E36 光伏、光热一体化，E37 其他
	E4 可再生能源综合利用	E41 水风光综合能源利用，E42 大型风光基地，E43 可再生能源绿证配套，E44 可再生能源数字化、智能化，E45 其他

专业方向	领域	重点方向
E 新能源和可再生能源	E5 其他	E51 生物质能源转化利用，E52 地热能开发利用，E53 海洋能开发利用，E54 热泵、清洁炉具，E55 新能源和可再生能源发电企业安全生产标准化，E56 其他
F 新型储能、氢能	F1 新型储能	F11 电化学储能，F12 压缩空气储能，F13 飞轮储能，F14 其他
	F2 氢能	F21 基础与安全，F22 氢制备，F23 氢储存和输运，F24 氢加注，F25 燃料电池等氢能应用，F26 其他

第 *6* 章

政策要点与观点汇编

6.1 政策要点

6.1.1 《关于加强新形势下电力系统稳定工作的指导意见》

· 政策背景

2023 年 10 月 25 日，国家发展改革委、国家能源局发布《关于加强新形势下电力系统稳定工作的指导意见》（以下简称《意见》）。

· 政策要点

《意见》主要指出以下四方面重点任务。

一是统筹化石能源和非化石能源发展，提升电源保供水平。《意见》提出"统筹各类电源规模和布局，可靠发电能力要满足电力电量平衡需要并留有合理裕度"。加快推动煤电转型升级。大力推进新能源安全可靠替代。推动系统友好型电站建设，提升新能源主动支撑能力。协同推进大型新能源基地、调节支撑资源和外送通道开发建设，实现对受端化石能源的可靠替代。

二是统筹新能源发展与调节能力建设，稳步推进电力系统绿色低碳转型。《意见》提出"科学安排储能建设，按需科学规划与配置储能"。要有序建设抽水蓄能。结合系统需求，明确功能定位，统筹抽水蓄能与其他调节资源的优化配置。

三是统筹电源和电网建设，提升资源优化配置能力。《意见》提出"构建坚强柔性电网平台"。加快构建分层分区、结构清晰、安全可控、灵活高效、适应新能源占比逐步提升的电网网架，保证电网结构强度，保证必要的灵活性和冗余度。积极推动柔性直流技术发展应用，支撑实现极高比例甚至纯新能源外送。加快推动建设分布式智能电网，提升配电网就地平衡能力。

四是统筹电力供给与需求，提升负荷管理水平。《意见》提出"研究分布式电源、可控负荷的汇聚管理形式，实现海量分散可控资源的精准评估、有效聚合和协同控制"。通过电价政策、需求侧响应机制进行引导，深入挖掘用户侧灵活性潜力，积极整合分散需求响应资源，依托电动汽车、虚拟电厂等新型负荷，推动源网荷储灵活互动，支撑电力系统稳定运行。

6.1.2 《关于做好新能源消纳工作 保障新能源高质量发展的通知》

· 政策背景

2024 年 5 月 28 日，为做好新形势下新能源消纳工作，推动实现"双碳"目标，国家能源局印发《关于做好新能源消纳工作 保障新能源高质量发展的通知》（以下简称《通知》）。

· 政策要点

《通知》要求，加快推进配套电网项目建设。从加强规划管理、加快项目建设、优化接网流程三方面，明确配套电网工程规划建设要求。**在加强规划管理方面**，按年度组织电力发展规划调整，并为"沙戈荒"大型风电光伏基地、流域水风光一体化基地等国家统筹布局的重点项目开辟纳规"绿色通道"。省级主管部门统筹分布式新能源和配电网发展规划，科学加强配电网建设，提升分布式新能源承载力。**在加快项目建设方面**，对已纳入规划的新能源配套电网项目建立清单，在确保安全的前提下加快推进前期和建设工作。电网企业会同发电企业，统筹确定新能源和配套电网项目的建设投产时序。同时，《通知》提出了 2024 年开工和投产的重点项目清单。**在优化接网流程方面**，要求电网企业优化工作流程，推行并联办理，缩减办理时限，进一步提高效率，主动为新能源接入电网提供服务。

大力提升系统调节能力。从加强调节能力建设、强化效果评估、有序安排新能源建设、切实提升新能源并网性能四方面，提出推进系统调节能力的具体举措。**加强系统调节能力建设方面**，能源主管部门根据新能源规模和利用率目标，开展系统调节能力需求分析，明确各类调节能力提升方案。**强化效果评估认定方面**，加强对煤电灵活性改造、各类储能设施、负荷侧等资源参与系统调节效果的评估，确保高效利用。**有序安排新能源建设方面**，能源主管部门结合消纳能力，科学制定年度新能源建设计划。**提升新能源并网性能方面**，大力提升新能源友好并网性能，探索应用新技术，提升功率预测精度和主动支撑能力。

充分发挥电网资源配置平台作用。现阶段新能源参与电力市场程度不高，需要进一步完善适应高比例新能源的市场机制和交易模式，激发各环节主体活力，进一步挖掘系统消纳潜力。提升电网资源配置能力方面，进一步提升跨省跨区输电通道输送新能源比例，加强省间互济，全面提升配电网可观可测、可调可控能力，促进各类调节资源公平调用和能力充分发挥。发挥市场机制作用方面，优化省内省间电力交易机制，进一步提升新能源参与现货市场的比例，不得限制跨省新能源交易。探索分布式新能源通过聚合代理等方式公平有序参与市场交易。

6.1.3 《关于新形势下配电网高质量发展的指导意见》

· 政策背景

为实现电力安全可靠供应和清洁低碳转型，进一步提质升级配电网，2024 年 2 月 6 日，国家发改委、国家能源局印发《关于新形势下配电网高质量发展的指导意见》（以下简称《意见》）。

· 政策要点

《意见》提出打造安全高效、清洁低碳、柔性灵活、智慧融合的新型配电系统。到 2025 年，配电网网架结构更加坚强清晰、供配电能力合理充裕、承载力和灵活性显著提升、数字化转型全面推进；到 2030 年，基本完成配电网柔性化、智能化、数字化转型，实现主配微网多级协同、海量资源聚合互动、多元用户即插即用，有效促进分布式智能电网与大电网融合发展。

《意见》在电力保供、转型发展、全程管理、改革创新方面提出 4 项重点任务。

一是补齐电网短板，夯实保供基础。提出加快推进城镇老旧小区、城中村配电设施升级改造，科学补强薄弱环节，并提高装备能效和智能化水平。强调合理提高核心区域和重要用户的相关线路、变电站建设标准，差异化提高局部规划设计和灾害防控标准，提升电网综合防灾能力。

二是提升承载能力，支撑转型发展。有针对性地加强配电网建设，评估配电网承载能力，引导分布式新能源科学布局、有序开发、就近接入、就地消纳。电动汽车的普及，带动充电需求快速增长。提出科学衔接充电设施点位布局和配电网建设改造工程，并开展充电负荷密度分析，引导充电设施合理分层接入中低压配电网。为促进各类新主体更好发挥作用，推动新型储能多元发展和电力系统新业态健康发展。

三是强化全程管理，保障发展质量。强调统筹制定电网规划，加强与城乡总体规划、国土空间规划的衔接，建立多部门参与的工作协调机制，协同推进工程建设。在优化项目投资管理方面，提出电网企业持续加大配电网投资力度，并鼓励多元主体投资配电网。在运行维护方面，强调完善调度运行机制、提升运维服务水平。

四是加强改革创新，破解发展难题。提出持续推进科技创新，加强配电网规划方法、运行机理、平衡方式、调度运行控制方法研究。为健全新主体、新业态的市场交易机制，提出研究设计适宜的交易品种和交易规则，鼓励多样化资源平等参与市场交易，并持续优化电价机制。在完善财政金融政策方面，提出发挥好中央投资引导带动作用、通过地方政府专项债券支持符合条件的配电网项目建设等举措。

《意见》提出保障措施为：一是建立健全工作机制，因地制宜制定实施方案，全面落实配电网高质量发展各项要求。二是压实各方工作责任，明确地方能源主管部门、国家能源局派出机构、电力企业和有关新业态项目单位等方面的工作责任。三是持续开展监管评估，加强对配电网发展的跟踪分析和监督管理，及时评估成效、总结改进，对取得显著成效的典型做法和成功经验，予以宣传推广。

6.1.4 《关于加强新能源汽车与电网融合互动的实施意见》

· **政策背景**

为大力培育车网融合互动新型产业生态，有力支撑高质量充电基础设施体系构建和新能源汽车产业高质量发展，国家发展改革委、国家能源局等部门于2024年1月4日发布《关于加强新能源汽车与电网融合互动的实施意见》（以下简称《实施意见》）。

· **政策要点**

《实施意见》提出：到2025年，我国车网互动技术标准体系初步建成，充电峰谷电价机制全面实施并持续优化，市场机制建设取得重要进展，加大力度开展车网互动试点示范，力争参与试点示范的城市2025年全年充电电量60%以上集中在低谷时段、私人充电桩充电电量80%以上集中在低谷时段。

到2030年，我国车网互动技术标准体系基本建成，车网互动实现规模化应用，智能有序充电全面推广，力争为电力系统提供千万千瓦级的双向灵活性调节能力保障。

《实施意见》指出重点任务为：

一是协同推进车网互动核心技术攻关。在不明显增加成本基础上将动力电池循环寿命提升至3000次及以上，攻克高频度双向充放电工况下的电池安全防控技术、双向充放电设备、光储充一体化、直流母线柔性互济等电网友好型充换电场站关键技术以及信息安全关键技术等。

二是加快建立车网互动标准体系。力争在2025年底前完成双向充放电场景下的充放电设备和车辆技术规范、车桩通信、并网运行、双向计量、充放电安全防护、信息安全等关键技术标准的制修订。

三是优化完善配套电价和市场机制。力争2025年底前实现居民充电峰谷分时电价全面应用，进一步激发各类充换电设施灵活调节潜力。建立健全车网互动资源聚合参与需求侧管理以及市场交易机制。

四是探索开展双向充放电综合示范。积极探索新能源汽车与园区等场景高效融合的双向充放电应用模式。打造双向充放电示范项目；鼓励电网企业联合充电企业、整车企业等共同开展居住社区双向充放电试点工作。

五是积极提升充换电设施互动水平。推广智能有序充电设施，原则上新建充电桩统一采用智能有序充电桩，按需推动既有充电桩的智能化改造。明确电网企业、第三方平台企业和新能源汽车用户等各方责任与权利，明确社区有序充电发起条件和响应要求。

六是系统强化电网企业支撑保障能力。将车网互动纳入电力需求侧管理与电力市场建设统筹推进。支持电网企业结合新型电力负荷管理系统开展车网互动管理，优先实现10千伏及以上充换电设施资源的统一接入和管理，逐步覆盖至低压配电网及关口表后的各类充换电设施资源。

此外，《实施意见》提出了加强统筹协调、压实各方责任、强化试点示范等保障措施。

6.1.5 《投资项目可行性研究报告编写大纲及说明》

· **政策背景**

为着力推动高质量发展，巩固和深化投融资体制改革成果，进一步提升我国投资项目前期工作质量和水平，2023 年 3 月，国家发展改革委印发《政府投资项目可行性研究报告编写通用大纲（2023 年版）》和《企业投资项目可行性研究报告编写参考大纲（2023 年版）》（以下分别简称《通用大纲》和《参考大纲》）。此次颁布的可研大纲围绕项目建设必要性、方案可行性及风险可控性等三大目标，更加注重发挥重大战略、重大规划和产业政策的引领作用，更加注重从项目全生命周期出发统筹拟定项目投融资和建设实施方案，更加注重经济、社会、环境等新评价理念的应用，更加注重可行性研究重点内容的逻辑衔接，将扩大内需、碳达峰碳中和、自主创新，以及投资建设数字化等新要求有机融入可行性研究制度规范。

· **政策要点**

《通用大纲》和《参考大纲》这两个大纲的发布和实施，为行业发展释放了重要的信号，可从以下三个方面重点把握。

（1）**重视项目全生命周期咨询，提升行业综合咨询能力。**投资项目建设是一项系统性工程，前期工作事关投资建设成败。提高前期工作质量，关键在于扎实、深入、充分做好可行性研究工作。两个大纲改变了过去"重建设、轻运营"的做法，从项目全生命周期管理的视角出发，进一步完善可行性研究报告在内容和深度方面的基础性要求，提出可行研究报告要围绕投资项目建设必要性、方案可行性及风险可控性"三大目标"开展系统、专业、深入论证，既要重视工程建设方案可行性研究，也要重视项目运营方案研究，强调做好项目全生命周期的方案优化和系统性论证，完善需求可靠性、要素保障性、工程可行性、运营有效性、财务合理性、影响可持续性、各类风险管控方案等"七个维度"研究内容，对工程咨询行业项目全过程咨询能力提出更高要求。工程咨询机构要对标大纲要求，优化咨询资源配置，加强咨询模式创新，发挥前期咨询引领带动作用，积极发展投资决策综合性咨询和全过程工程咨询，不断提升包含项目前期咨询、项目实施 / 工程建设咨询、项目运行维护咨询等在内的全阶段一体化咨询能力。

（2）**重视数字化咨询，加快行业数字化转型发展。**中共中央、国务院印发《数字中国建设整体布局规划》，提出要推进一二三产业全产业链数字化发展。工程咨询行业加快推进数字化转型刻不容缓。两个大纲对投资建设领域数字化转型提出明确要求，"对于具备条件的项目，研究提出拟建项目数字化应用方案，包括技术、设备、工程、建设管理和运维、网络与数据安全保障等方面，提出以数字化交付为目的，实现设计－施工－运维全过程数字化应用方案"。工程咨询机构要加强数字化建设的顶层设计，坚持数字化战略导向，坚持数字化与投资决策综合性咨询、全过程工程咨询等模式创新相结合，在制度激励、组织机构、人才建设、流程管理等方面加强配套改革，释放数字化发展活力；强化数字信息基础建设，完善工程咨询数据资源体系建设，激活数据要素潜能，利用数据资源推动工程咨询业务全价值链协同；着力开发构建特色鲜明、应用丰富的工程咨询数字化咨询平台，形成智能咨询能力；注意做好数据安全保障工作，有效防范数据风险事件，通过投资建设领域数字化转型，着力为项目咨询提供数据驱动、智慧管理、高效协同的数字化服务。

（3）重视保障安全发展，提升行业统筹谋划水平。当前，面对艰巨繁重的改革发展稳定任务和日趋复杂严峻的外部环境，安全发展的重要性和紧迫性更为凸显。两个大纲对投资领域的安全发展给予了充分强化和重视，《通用大纲》提出政府投资项目要注意防范地方政府隐性债务风险，《参考大纲》提出企业投资项目要特别防范市场风险。两个大纲要求投资项目要提高投资估算精度，充分考虑项目周期内有关影响和风险管理的费用安排；盈利能力分析既要重视项目自身盈利能力，也要研究项目可融资性及债务清偿能力；财务持续能力分析要综合考察项目现金流情况，判断是否有足够的净现金流维持项目正常运营；开展安全影响效果论证，重视供应链安全；做好项目风险管控方案研究，建立健全投资项目风险管控机制。工程咨询机构要提高站位，把握好投资建设整体和局部、当前和长远、宏观和微观、主要矛盾和次要矛盾、特殊和一般的规律，在咨询服务过程中不断提高战略思维、辩证思维、系统思维、创新思维、底线思维能力，统筹发展与安全，坚持问题导向，增强忧患意识，推进投资安全理论研究创新，深化风险研究标准建设，用好数字化新技术手段，有效识别、规避各类风险，使投资项目"真可行"，提升工程咨询行业保障安全发展的咨询服务能力和水平。

6.2 观点汇编

6.2.1 输变电工程设备更新和技术升级的相关思考与建议

（董飞飞，李喜来，王勇，陈海焱，张天龙，刘哲）

随着我国经济由高速增长向高质量发展转型，电力系统作为国家基础设施的重要组成部分，其安全稳定运行对于支撑经济发展和社会进步具有不可替代的作用。输变电工程，作为电力系统的骨干，肩负着电能的高效汇集、传输和分配任务，是确保电力供应连续性和可靠性的关键。然而，面对日益增长的电力负荷、能源与负荷的时空不匹配、极端气候事件的频发以及能源结构的多元化等多重挑战，传统的输变电设施已难以满足新形势下复杂而多变的新要求。因此，实施大规模的设备更新和技术升级，不仅是提升电力系统整体性能、保障能源电力安全供给、适应新型能源体系构建和新型电力系统建设的必然选择，也是贯彻落实中央经济工作会议部署推进新型工业化的重要举措，更是响应国家节能减排和绿色发展战略、适应技术进步和标准提高形势的迫切需求。

（1）我国老旧输变电设备现状

1）老旧输变电设备的分类

据不完全统计，截止到 2023 年底全国范围内的老旧输变电设备主要包括：

①变压器：全国范围内超过 10 万台电力变压器运行时间超过 30 年，其中约有 30% 的变压器型号为 S9 及以下，已不符合现行能效标准。

②输配电线路：大约有 5 万公里的输配电线路存在老化问题，这些线路多建于上世纪八九十年代，部分线路已超过设计使用年限。

③断路器和隔离开关：约有 15 万台断路器和隔离开关存在技术落后问题，其中一些设备已无法满足现有的安全和操作要求。

④控制保护设备：约有数千套控制保护设备需要更新，这些设备在现有的电网中存在兼容性和可靠性问题。

⑤变电站自动化系统：约 20% 的变电站自动化系统需要升级，以适应智能电网的发展需求。

2）老旧输变电设备分布情况

老旧输变电设备的分布与我国电力系统的发展历程密切相关，主要集中在以下几个区域：

①东部沿海地区：由于经济发展迅速，电力需求增长快，老旧设备更新换代的需求尤为迫切。

②中西部地区：这些地区有许多早期建设的大型工矿企业和工业园区，老旧输变电设备较为集中。

③偏远山区和农村地区：由于地理位置偏远，更新改造工作相对滞后，老旧设备比例较高。

④老旧工业基地：一些传统的工业基地，如东北老工业基地，由于历史原因，存在大量老旧输变电设备。

⑤城市老旧区域：随着城市化进程的推进，一些城市老旧区域的输变电设备也面临更新换代的需求。

（2）输变电工程开展设备更新和技术升级的必要性

国家层面已出台的多项政策文件，如《推动大规模设备更新和消费品以旧换新行动方案》以及《电力装备行业稳增长工作方案（2023-2024年）》，这些政策明确强调了设备更新和以旧换新的重要性，并为电力装备行业的发展设定了明确的目标和具体的实施措施。鉴于我国输变电工程的庞大体量及其在能源体系中的关键基础设施地位，应当积极发挥示范作用，响应国家政策，通过实际行动促进行业的高质量发展。

1）适应能源转型需求

随着全球能源结构的转型，特别是风能、太阳能等新能源的快速发展，对电力系统提出了新的挑战。传统电力设备在对新能源的接纳能力和响应速度上存在局限性；新能源的波动性和不确定性要求电网具备更高的灵活性和调节能力；技术升级因此成为必然选择。例如，青豫直流工程通过加装分布式调相机群，缓解高比例大规模新能源接网带来的电压稳定问题，提升了跨区送电能力；云贵互联通道工程，首次完成常规直流多端化改造，有效提升云贵电力互济能力。

2）提升电网安全与稳定性

随着设备使用年限的增加，老化和磨损等问题会降低性能并增加故障率，这直接威胁电网的安全稳定运行。以葛南直流工程为例，作为我国首个 ±500kV 直流工程，已投运三十多年，利用新型可控换相技术进行改造升级，有助于解决换相失败问题，确保安全稳定运行。

面对频繁发生的极端冰雪灾害，对于特定区域的输电线路，采用融冰技术是降低停电风险的关键措施，变电站融冰装置的改造升级、架空线路关键区段的加固设计尤为重要。

广东、内蒙古、华东、青海西宁、四川等地区短路电流超标问题逐渐凸显。短路电流超标会引起设备损坏、大面积停电，更换或升级断路器可以有效控制这一问题，目前我国已研制出8000A 80kA 断路器，即将进入工程应用阶段。

因此，适时推动输变电设备更新和升级，可以提高其可靠性，减少故障发生，从而增强电网的整体安全性和稳定性。

3）促进节能减排和绿色环保

节能环保战略对电力设备的能效水平提出了更高要求。通过更新与升级电力设备，采用环保材料和节能技术，可以显著降低电力系统自身的能源消耗，提高能源利用效率，减少对环境的影响，助力实现国家的节能减排目标。例如，广州开元变电站应用了植物油绝缘变压器，其绝缘介质可生物降解、无污染、防火性能优良；上海宁国变电站应用了 C4 环保气体 GIS，相比 SF_6 气体温室效应显著降低，对环境更加友好。

4）推动产业升级和技术创新

设备更新有助于提升先进产能比重，提高生产效率，促进相关领域消费和投资良性发展。为响应国家关于提升产业链自主可控能力的号召，推动关键设备（如电力芯片、控制保护设备等）国产化替代，不仅可以降低对外依赖，减少进口成本，还能根据国内实际需求进行定制化设计和快速响应服务，进而提升产业链的韧性和安全水平。技术升级可以促进新技术研发和应用，进而推动输变电行业的技术进步和产业优化转型。通过引入智能化、数字化技术，可以提高输变电工程的自动化和信息化水平，做到功能强大、坚实可靠、智慧灵活，进而提升行业整体竞争力。

5）更好地满足电力用户需求

新型电力系统背景下，电力用户对输变电装备提出了更高要求。应通过技术升级和装备攻关不断提升设备的质量和性能，满足市场的差异化需求，提供多元化服务，促进电力资源的优化配置，支撑新型电力系统建设。例如，对于像上海黄渡变、江苏武南变等服役 30 余年的元老级 500kV 变电站，开展增容改造工程，有效满足了当地负荷增长需求，提高了电网运行灵活性和供电可靠性；西安东北部 330kV 架空输电线路迁改落地工程，在优化网架结构、缓解供电压力的同时为当地腾挪节省建设用地四千亩，实现城市经济和环境品质双提升；扬镇直流工程首次把 2 回交流输电线路改造为 3 回直流输电线路，充分利用了稀缺跨江输电走廊资源，送电能力由 500MW 提升至 1200MW。

（3）输变电工程在设备更新和技术升级中存在的问题

在推动输变电工程设备更新和技术升级过程时，可能会面临技术兼容、资金筹集、外部影响、项目管理、施工运维等多方面的问题。

1）技术兼容与支撑问题

设备更新和技术升级会带来一系列的技术挑战。升级至新设备和技术可能会遇到与现有系统不兼容的问题，这需要通过调整和优化来解决，以确保新旧系统能够无缝集成和协同工作。应用新的设备和技术，需对相关从业人员进行培训使其具备相应的技能和知识，需要较多的时间和费用投入。此外，如果缺乏统一的技术标准，或与之相适应的管理水平，也会导致设备更新和升级过程中频繁出现问题，影响整体效率。

2）资金筹集与使用问题

设备更新和技术升级需要大量的资金投入，尤其是输变电工程设备规模庞大，更新成本较高，且存在新设备的投资回报周期较长、见效慢等问题，导致企业更新改造积极性不高，特别是在经济压力或预算限制的情况下，资金筹集成为一个重大挑战。此外，资金的使用需进行合理的规划与分配，以确保设备更新取得预期效果。因此，在设备更新和技术升级时，要特别注重科学决策，在深入调研的基础上，把控好技术路线、投资方案。

3）外部影响与项目管理问题

输变电工程设备更新和技术升级是一个复杂的项目管理挑战，在精心规划和有效管理以确保按时按预算完成的同时，需要注意外部影响、营造良好的外部氛围。对于配网改造、农网改造、充电基础设施改造等与人民群众生活息息相关的项目，要尽量避免对居民生活造成不便，做好沟通解释工作。加强工程管理，妥善做好老旧设备退役后的回收工作，避免对环境造成负面影响。

4）施工运维挑战

在设备更新升级过程中，还面临着停电难和运维不适应的问题。由于电网用户供电连续性的要求，在理想情况下，设备更新最好在不影响正常供电的情况下进行。然而工程实际情况往往相当复杂，需要根据系统调度运行要求，制定合理的停电方案，最大限度减少对系统运行的影响，这对施工技术和工程管理提出了更高的要求。同时，新设备的运维要求与传统设备存在差异，这对运维团队的培训和管理提出了新的挑战。

（4）新时代对输变电工程设备更新和技术升级提出的新要求

为适应能源转型和新型电力系统建设的需要，新时代对输变电工程设备更新和技术升级提出了一系列新要求：

1）更加高端化

高端化是输变电装备发展的重要方向之一，其内涵是掌握高精尖的核心科技，做到"人无我有、人有我强"的境界。电网企业和设备制造商应更加注重电力装备技术和制造工艺的升级，大力采用高效、环保的材料、工艺以及集成先进的节能技术，进一步创新设计理念，更新替换一批先进设备，促进高性能、高效率、高可靠性设备的推广应用，带动提升研发设计、生产制造、检验检测、运行维护等全过程的技术水平。

2）更加智能化

信息技术和数字化技术的快速发展为输变电工程带来了新的发展机遇。加强信息化建设和数字化转型，促进输变电设备与信息系统的深度融合，可以实现"1+1＞2"的效果。采用智能传感器、大数据、人工智能等先进技术，通过海量数据实时采集、分析和应用，实现设备运行状态的实时监控、故障自诊断、预测性维护、智能调度控制等更加智能、精准、高效的管理和维护，提升电网的智能化水平。

3）更加绿色化

随着习近平生态文明思想深入人心，积极应对全球气候变化、做好环境保护工作、逐步减少碳排放和实现碳中和目标已成为广泛共识。输变电工程应遵循绿色、低碳、循环、可持续的发展理念，在设计、建设和运营过程中注重环境保护和资源节约，减少对环境的负面影响。新一代电力设备应大力推动绿色低碳化技术的应用，在全寿命周期内考虑碳排放问题，不断提高设备的能源转换效率，减少能源消耗与环境污染。

4）更加安全可靠

在新型电力系统快速发展的背景下，输变电设备的本质安全性与可靠性至关重要。设备的更新和技术升级必须守住安全底线，要遵循安全标准和规范，积极采用先进的安全防护措施，为电力系统的整体安全夯实基础。此外，输变电设备还应具备足够的适应性和韧性，可以应对各种复杂环境和工况，能够在极端恶劣天气、突发故障等情况下快速恢复。

（5）输变电工程推动设备更新和技术升级的相关建议

当前，我国输变电工程面临着技术更新快、市场需求多样、国际竞争激烈等多重挑战，应重点从以下几个方面发力，推动输变电设备更新和技术升级，促进能源行业的高质量发展。

1）响应政策顺应市场，营造良好发展环境

各地政府和电力行业应紧密跟踪国家能源政策，结合区域经济发展特点和电力系统现状，尽快制定与行动方案配套的输变电工程领域设备更新相关指导意见和差异化更新策略。优先更新东部沿海地区的设备，以满足持续增长的电力需求；针对资源丰富的中西部地区，升级电力基础设施以支持工矿企业和工业园区的发展；通过扶贫和电网改造项目改善偏远地区的电力供应；推动老旧工业基地的电力系统改造，促进当地经济结构的调整和产业升级；结合城市规划，更新老旧区域的电力设备，支持智慧城市建设。电网企业应根据自身情况和市场需求，制定设备更新和技术升级的具体计划，明确设备更新的目标、时间表和实施步骤，加强电网的关键枢纽和节点以及自然灾害频发地区等重点区段的老旧输变电设备更新。同时，还应建立健全的市场监管机制，营造诚实守信、公平竞争的良好市场环境。

2）加强技术研发创新，推动软硬件一体化

技术创新是推动输变电设备更新的根本动力。为了不断提升设备性能和技术水平，应加大在技术研发和创新方面的投入，鼓励电网企业加强与高校、科研机构的合作，建立"产学研用一体化"的创新体系。积极探索高效、环保的新材料、新工艺的应用；开展适应高海拔、极寒等极端条件下的特高压输电技术、柔性直流输电技术、智能变电站、大功率电力电子器件、远程监控系统等关键技术攻关和设备研发，推动输变电设备的国产化和本地化生产；注重与新一代信息技术的融合发展，不断提高设备的智能化水平和运行效率；注重算力提升和软件系统的迭代升级、创新应用，推动软硬件一体化发展、协同优化。

3）完善设备标准规范，加强生命周期管理

标准化是现代工业得以长足发展的重要基础。做好输变电设备的标准规范，是输变电工程可靠运行、行业规模化有序发展的重要保障。在技术研究和设备攻关的基础上，加快制定和修订节能降碳、环保、安全、循环利用等相关领域的技术标准与规范，不断更新和完善输变电设备技术标准、安全规范和质量评价体系，明确各项技术指标和要求，以标准引领电网行业的规范、有序、健康发展。同时，还应加强输变电设备的全生命周期管理，从设计、制造、运行、维护和回收等各个环节制定全面的管理策略和操作流程，实现全过程的高效和环保。此外，还需高度重视资金的筹集与合理使用，确保项目的顺利实施，从而实现良好的投资回报。

4）强化重大工程引领，加快装备推广应用

重大输变电工程作为技术创新和设备升级的实践平台，对于推动整个行业的技术进步具有不可替代的示范作用。应精选具有战略意义的工程项目，如特高压输变电工程、苏通 GIL 管廊工程、张北柔直试验示范工程、智能电网建设项目等，作为新技术和新设备应用的试验场。通过这些工程的实施，不仅可以验证新技术的可行性和新设备的可靠性，还可以形成一套成熟的技术方案和管理模式，为后续其他工程的开展提供借鉴和参考。此外，应加大对这些重大工程成果的宣传力度，提升政府、业界和社会公众对输变电新技术和新设备的认知度，从而加快新技术的市场接受速度和新设备的推广应用步伐。

5）加强专业人才培养，提升产业链竞争力

人才是推动输变电工程技术创新和设备升级的关键因素。企业是创新的主体，高校是人才的摇篮，二者应建立紧密的合作关系，适应新时代行业发展需要，培养一批既懂技术又善管理的复合型人才。职业教育也不可忽视，广大高素质技术技能人才、能工巧匠是将蓝图变成现实不可或缺的力量。应建立完善的人才激励机制，为新技术的研究和新设备的应用提供人才保障。此外，电网企业应积极探索和实践新的管理模式和生产组织方式，以适应市场的快速变化，推动产业链上下游协同发展，提升产业链的整体竞争力。

6）注重国际合作交流，打造中国品牌形象

在全球化的今天，国际合作和交流对于提升我国输变电工程的技术水平和扩大国际影响力具有重要意义。应积极参与"一带一路"等国际合作，建立和利用国际电力工程可持续发展专题论坛等国际交流平台，承接海外输变电工程项目，学习借鉴国际先进的技术和管理经验，提升我国输变电装备的国际竞争力。将中国的特高压输电技术和装备作为国际合作的重要内容，推动中国技术和标准"走出去"。重视中国国际电力工程企业海外形象建设和品牌塑造，通过高质量的工程项目和优质服务，树立中国电力工程的良好口碑。参与国际标准的制定和修订，推动中国标准在国际电力工程领域的应用，提升中国品牌的国际认可度，为我国输变电装备的国际化发展奠定基础。

（6）结语

随着新能源的快速发展和能源结构的不断优化，输变电工程将迎来更加广阔的发展空间。设备更新和技术升级是当前和未来一段时间内电网工程领域的重要发展方向。电网企业应紧跟时代步伐，加强技术创新和产品研发能力，加快输变电设备更新和技术升级，培育绿色低碳新质生产力，推动电网行业的转型升级和可持续发展。

6.2.2 输电线路冰害分析及抗冰能力提升建议

（董飞飞，李喜来，王勇，陈海焱，杨靖波，刘哲）

随着我国电力工业的飞速发展，电网建设运行范围越来越广，电网工程建设环境条件更加复杂困难。在全球气候变化的大背景下，极端天气事件频发，架空输电线路冰害问题日益凸显。1932 年在美国境内首次记录了架空线路覆冰事故，之后英国、日本、俄罗斯、加拿大等国均报道过严重的电网覆冰灾害。近年来，我国输电线路大面积覆冰灾害也时有发生。2005 年出现两湖（湖南、湖北）雨雪冰灾；2008 年初出现百年不遇大范围雨雪、冰冻天气，19 个省区受到不同程度的灾害影响；2011 年 1 月，南方地区遭受冰雪灾害；2020 年 11 月，吉林省遭遇雨雪冰冻大风灾害。这些灾害中架空输电线路遭受了不同程度的倒塔断线事故，对电力系统的安全稳定运行构成了严重威胁和新的挑战，特别是 2008 年大范围雨雪冰冻灾害，电网受灾达 13 个省区，全国范围 10kV ～ 500kV 电网此次因灾停运电力线路共 36740 条，其中 500kV、220kV、110kV 线路分别停运 119 条、348 条、888 条，造成了重大经济损失和社会影响。因此，深入分析输电线路冰害问题并提出有效的抗冰能力提升措施与建议，对于确保电力供应的稳定性和促进社会经济的可持续发展具有重要意义。

（1）近期输电线路冰害状况概述

2023 年冬季至 2024 年春季，我国东北、黄淮、江淮、江汉、江南等地区遭受了多轮极端雨雪冰冻天气的侵袭。此次灾害主要有以下特点：一是地形特征明显。本次覆冰主要为雨凇，舞动集中在平原地区，重覆冰集中在山区，两微（微地形、微气候）地区覆冰更重。二是冻雨范围大。从东北逐渐发展到华北、华中和华东地区，涉及 18 个省区，上百万平方公里。三是时间跨度长。先后发生 5 轮雨雪冰冻天气，时间跨度长达 4 个月。四是局部地区强度大、覆冰增长快。湖南浏阳单日降水量达 46.6 毫米，12 小时内线路覆冰达 30 毫米。

本轮低温雨雪冰冻天气，给电网安全运行带来了巨大挑战。特别是冻雨天气，对我国多地输电线路造成了严重影响。据不完全统计，在运特高压线路中"十交六直"合计 16 回线路发生了42 处不同程度的设备受损及缺陷临停事故。经分析，涉及超设计条件的有 27 处，主要包括覆冰超限、覆冰叠加初始缺陷、舞动超限、次档距振荡四类事故；涉及需特殊考虑的方面有 7 处，主要包括极间闪络、跳线引流线断线两类事故；涉及施工方面 4 处；涉及材料方面 4 处。其中位于两大（大档距、大高差）两微区段的事故有 19 处，均超设计条件。

（2）输电线路冰害特性分析

1）输电线路冰害成因

输电线路冰害的形成是一个复杂的自然现象，主要受以下几方面因素的影响：

①气象条件：低温（一般在 0 ~ −5℃）、高湿度（一般在 85% 以上）、低风速（一般在 1 ~ 10m/s）、持续冻雨等气候条件是冰害形成的直接原因。

②地理环境：山区、峡谷等地形，高海拔地区，靠近湖泊、河流等大型水体易形成局部微气候，会增加冰害的风险。

③线路设计及维护：线路走向、导线材料和尺寸、绝缘子和金具的选择等设计因素和维护不当影响线路的抗冰性能。

④气候变化：全球气候变化导致极端天气事件频发，增加了冰害发生的几率和不确定性。

2）输电线路覆冰分类

输电线路上的覆冰形态和特性各异，我国将覆冰的类型按形成条件分为雨凇、雾凇、混合凇和湿雪四类，具体特性见下表。其中，雨凇因密度大、粘附力强，对架空输电线路的危害最大。混合凇在低温和大风条件下极易形成，因此在实际覆冰中最为常见。

表 6-1　不同类型覆冰的性质

覆冰类型		外观	密度	粘附力	危害
雨凇		透明玻璃体	0.6~0.9	很强	严重
雾凇	粒状雾凇	乳白色不透明体	0.6~0.9	弱	较轻
	晶状雾凇	白色结晶	0.1~0.3	较弱	较轻
混合凇		乳白色	0.2~0.6	强	较重
湿雪		乳白色或灰白色	0.2~0.4	较弱	较重

3）输电线路冰灾危害

输电线路冰灾对电力系统和社会经济活动构成了严重威胁，主要体现在以下几个方面：

①电力供应中断。冰灾会导致输电线路覆冰，增加导线的重量和张力，严重时会引起导地线断裂、杆塔倒塌或部件损坏，造成电力供应中断。

②电网结构破坏。输电线路事故导致电网结构破坏，影响电网的稳定性和可靠性，严重时可造成电网解列。

③抢修和恢复困难。在恶劣的冰灾天气下，输电线路抢修工作变得更加困难和危险，恢复供电的时间可能会延长。

④经济损失。冰灾导致的停电和生产中断会给企业和个人带来经济损失。此外，电力公司还需要投入大量资金进行线路修复和加固，增加运营成本。

⑤社会影响。大面积停电会影响医院、学校、交通等重要社会设施的运行，危及公共安全，还可能导致通信中断，影响信息传递和应急响应。

⑥环境影响。冰灾抢修过程中可能会对环境造成一定的破坏，如植被破坏、土壤侵蚀等。此外，停电还可能导致一些污染处理设备设施无法正常运行，影响环境质量。

（3）输电线路抗冰存在的问题

为应对输电线路冰灾，我国电力企业、科研院所、设备制造厂家等单位针对电网抗冰技术进行了长期研究与积累，逐步形成了"避、抗、融、防、改"的冰灾防护技术体系，显著提升了我国输电线路的抗冰能力，为保障电网的安全稳定运行提供了有力支撑。但在抗冰具体实践中仍存在以下几个方面的问题：

1）覆冰监测预警能力不足

现有的覆冰监测预警系统在实际操作中部分存在监测盲区或预警不准确等情况，尤其是极端天气下监测设备的可靠性和准确性不足，导致覆冰精细化预测与实时监测准确度都有待提升。

2）新技术新设备研发与工程化应用不够到位

一些处于试验阶段的防冰、融冰、抗冰新技术和新设备，由于存在环境适应性差、成本效益比高、操作复杂性等问题难以快速普及。部分新材料出于耐久性和环境影响因素考虑，尚未实现工程化应用。目前广泛采用的直流融冰技术存在需停电操作和人工干预、操作复杂且耗时较长等局限，仍需进一步突破技术瓶颈。输电线路带电除冰及高效配网融冰装置仍然缺乏，抗冰技术与现代化智能手段的融合度总体不够。

3）应急处置能力有待加强

应急预案不够完善，在执行过程中存在协调不畅、响应不及时等问题，导致应急处置效率低下。必要的设备设施储备不足，应急处置人员专业知识和实践经验不足，信息沟通不顺畅，导致无法有效应对冰冻灾害。

4）缺乏完善的防、融、除冰实施标准

目前防冰、融冰电流的大小尚需制定相应的实施标准；现有防、融、除冰技术实施缺乏明确的细则指导，如防融冰实施力度、作业强度等，亟待根据线路覆冰状况科学制定防融冰实施细则，做到"因地制宜"，尽量避免"大材小用"。

5）抗冰建设和改造的差异化设计落实不够到位

新建线路的抗冰设计标准和差异化设计理念在2008年冰灾后已经全面提升，实践证明效果明显。但由于部分地区的实际覆冰厚度超过设计标准，或者实施不到位导致差异化设计标准没有全面落实。对于已投运、抗冰能力不足的老旧线路，需要进行加固改造，改造需停运且改造资金有限在一定程度上限制了改造工程的实施。

（4）新发展阶段对输电线路抗冰提出新要求

随着社会经济的快速发展和能源结构的转型，我国进入了新型电力系统快速建设的高质量发展阶段，对输电线路抗冰提出了更加严格和多元化的要求。

1）更加注重时效性

目前，国内外绝大多数防冰、融冰、除冰技术，消除输电线路覆冰都是以停运输电线路为前提的。断电实施融冰作业可能会造成冬季用电负荷高峰期用电更加紧张。因此，亟须从实时监测、及时减缓或消除覆冰、快速修复等方面提高抗冰工作的时效性，力求在最短时间内消除冰害隐患、恢复电力供应，从而减少对社会经济生活的影响。

2）更加关注安全性

输电线路作为电力输送的主要通道，其安全稳定运行对于保障能源供应至关重要。随着全球气候变化的加剧，极端天气事件频发，导致输电线路遭受冰雪灾害的风险增加。我国新能源的快速发展掀起了新一轮以特高压工程为代表的电网工程建设高潮，特高压线路由于路径较长、穿越高海拔、易覆冰、重覆冰区较多，发生冰灾事故的可能性更大，且事故造成的后果更加严重。因此，亟须通过优化抗冰技术和设备、建立应急救援机制等措施，有效提升输电线路尤其是特高压线路抗冰能力和组织保障工作水平。

3）兼顾智能化与经济性

传统的抗冰技术和设备难以满足更加频发的极端冰冻灾害事故的抗冰要求。随着物联网、人工智能、大数据等技术的快速发展，亟须借助智能化的手段，通过优化抗冰方案、采用经济合理的抗冰材料和技术、提高抗冰设备的利用率等方式，提升抗冰效率和效果的同时，能够控制抗冰成本，提高经济效益。

4）统筹整体协作性

目前我国的防、融、除冰技术大多数都自成体系、互不兼容，难以发挥组合技术的优势。面对复杂多变的冰灾环境，亟须发挥抗、防、融、除冰技术的协同作用，促进技术间的交流融合、创新发展，灵活调整抗冰策略，在保证最佳抗冰效果的前提下，实现资源共享和设备的优化配置。

5）助力绿色发展

随着全球环保意识的增强，输电线路抗冰不仅要考虑当前的需求，还应考虑未来的发展趋势和环境变化。在设计和实施抗冰措施时，应充分考虑其对环境的影响，尽量选择环保、高效的方案，研究和应用更加节能、减排的抗冰技术和设备，减少对环境的负面影响，助力绿色、可持续发展。

（5）输电线路抗冰能力提升建议

为进一步提升输电线路抗冰能力，建议从以下几个方面重点发力：

1）优化线路规划设计，全面提升本质安全

合理规划输电网架和输电通道，重要输电线路应尽量避免通过已有的密集通道，避免或尽量减少穿越中、重冰区和易舞动区，减少跨越铁路、高速公路等重要设施。根据"两大两微"气象地形资料，结合历史冰灾影响区域，滚动修订冰区、舞动区域分布图，因地制宜地设定重要线路的抗冰设防标准和差异化设计。对新建线路严格按照抗冰标准建设，合理配置覆冰监测、融（除）冰等装置；对在运输电线路进行全面的技术评估与安全隐患排查，特别关注本轮冰雪灾害影响较大的湖北、湖南、山西、甘肃、河南、吉林、黑龙江、重庆等省市，对关键输电线路进行重点监测和维护，确保电网主干网络的安全运行，根据评估结果按需实施抗冰加固和改造工程。加强对输电线路抗冰设备设施的保护和运行维护，对于交通运输和抢险特别困难的地区，可采用免维护（少维护）的设备设施，全面提升输电线路防灾抗灾能力。

2）加强技术装备创新，提高整体抗冰能力

面对不断变化的气候条件和日益严峻的冰灾挑战，应积极开展覆冰灾害重现期评估研究，以科学数据指导抗冰措施的制定。加强新型融冰、除冰和防舞动装置研制，以适应不同气候条件下的抗冰需求。研发具备更高强度和耐低温特性的新型防冰材料，增强输电线路的物理抗冰性能。利用除冰机器人和无人机巡检等智能技术，提升输电线路的日常监测和应急处理效率。采用高效、环保和非接触式融冰技术，减少人工干预，提高融冰作业的安全性和效率。结合新材料与新技术，推动输电线路抗冰技术的创新和集成应用，提高输电线路的整体抗冰能力。

3）强化覆冰监测预警，降低冰灾事故风险

建立并完善在线监测系统，实现对输电线路覆冰状况的实时监控。利用卫星遥感、雷达以及无人机巡检等现代信息技术，增强监测的覆盖面和精确度。基于实时监测数据，建立高效的预警机制，及时向相关部门和公众发布冰灾预警。根据预警信息，迅速启动防冰抗冰预案，采取有效措施以降低冰灾对电网的影响。对收集到的监测数据进行深入分析，以识别覆冰趋势和潜在风险点。根据监测和预警结果，优化应急资源的配置，确保及时响应。定期评估监测和预警系统的有效性，并根据实际情况进行调整和优化。

4）完善应急响应预案，提高抗冰除冰时效

制定详尽的防冰抗冰应急预案，确保预案的科学性、实用性和可操作性。定期开展应急演练，模拟冰灾情况下的应急响应，检验预案的有效性。强化抗冰抢险队伍的建设，提升团队的快速反应和现场处置能力。确保应急物资和专业装备的充足供应，提高抗冰除冰的物资装备保障能力。建立健全的应急响应机制，明确各环节的责任人和操作流程。优化应急流程，提高电网在冰灾发生时的应急处置时效。确保融冰除冰工作迅速有效，将冰灾对电力供应的影响降至最低。根据演练结果和实际操作经验，不断改进和更新应急预案。

5）社会协同全力保障，评估总结提升防范

电网企业应与地方政府、相关部门和社区合作，建立多方参与的应急联动机制，提高整体的抗冰抢险效率与能力。抗灾过程中，与气象、交通运输部门等保持密切沟通，确保信息共享和资源协调，及时向公众发布停电信息和电网企业的应对处置情况，增强透明度。加强舆情监控，对社会关切做出快速、准确的回应，维护公众信心。冰灾结束后，全面系统地开展冰灾处置评估，总结经验教训。实事求是、深入分析存在的问题，制定并实施整改措施，以改进和优化应急预案。通过不断的评估和整改，持续提升电网对冰灾的防范和应对能力。

（6）结语

输电线路抗冰工作是一项长期而又艰巨的任务，需要政府、企业和社会各界的共同努力。未来，应按照防御、应急和恢复并重的原则，采取改造与建设结合、防治与应急结合、短期与长期结合的策略，通过不断的技术创新、跨学科的广泛合作、预防机制的建立完善以及更多相关政策的支持，全面提升输电线路抗冰能力，为社会经济的发展提供更加坚实的能源保障。

6.2.3 变电站全生命周期碳排放分析及绿色发展建议
（展瑞琦，刘欣，陈海焱）

我国将于2030年前达到二氧化碳排放峰值，于2060年前实现二氧化碳排放中和。随着我国全社会用电量的持续增加和电网的不断发展，变电站建设的数量和规模也日益增大，传统变电站的工程设计已经无法满足当前不断提升的节能减排要求，建设新一代绿色低碳变电站迫在眉睫。本文以500 kV变电站的典型设计方案（500-A1-3）为例，采用全生命周期碳排放方法核算500kV变电站碳排放量，对典型的节能降碳方案进行估算和对比分析，并提出变电站绿色发展的相关建议。

（1）变电站全生命周期碳排放计算方法

目前，针对变电站全生命周期碳排放分析研究较少，已有研究中对500kV变电站全生命周期核算碳排放量，主要参考《建筑碳排放计算标准》GB51366-2019，其计算范围为变电站围墙内能源消耗产生的碳排放量，主要包括设备生产、运输、施工、运维、拆除回收等5个阶段。

设备生产阶段主要统计设备折算为设备建造消耗的原材料量以及各建构筑物等耗费原材料，采用碳排放因子法转换为设备在生产阶段产生的CO_2排放。设备运输阶段额外考虑了单位重量运输距离的碳排放因子采用同样方法进行计算。

施工建造阶段的能源消耗主要是现场施工机械的能源消耗，施工过程中定位到各工序施工机械使用的能源消耗上。运行维护阶段碳排放主要来源是主变运行损耗、GIS中SF_6气体泄漏、站内负荷等。根据调研，主变负载率多集中在45%-55%之间，因此取主变负载率为50%，年运行小时

数为 8760 小时进行电能损耗计算。根据通用设备的要求，GIS 每年泄漏允许值不高于 0.5%，在全生命周期内计算 SF_6 泄漏量，归算为碳排放量。站内包含设备及建筑照明、通风、空调、生活热水等全年用电量统计，折合为 CO_2 排放量。单项统计较为烦琐，采取简化方法统一将上述负荷按照站用电的负荷考虑。参考已有研究结果，拆除回收阶段建筑在拆除阶段的能源消耗大约占到施工过程能耗的 90%，可根据施工阶段碳排放量来折算拆除阶段的碳排放量。

（2）500kV 变电站全生命周期碳排放量分析

我国输电网络中存在大量 500kV 变电站，对 500kV 变电站进行碳排放测算对量化输变电工程绿色低碳指标有着重要意义。以国网公司输变电工程通用设计中的 500-A1-3 方案为例进行分析，该变电站全生命周期碳排放总量为 261885t，各阶段碳排放量数据统计如下图所示。

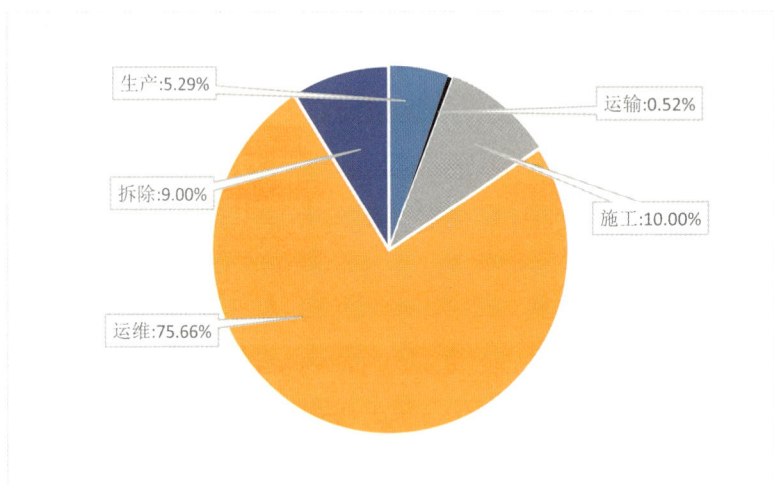

各阶段碳排放量数据统计

由上图可知，在变电站全生命周期中，运维阶段碳排放量占比最高，其次是施工和拆除阶段，再次是生产阶段，运输阶段碳排放量占比最小。分析可知，运维阶段占比最高的原因是主变运行损耗、SF_6 泄漏（泄漏率按 0.5% 考虑）及站内负荷。因此，可以通过优化主变选型和推广站内节能措施进行节能减碳。

（3）节能减碳方案估算

近些年，部分工程通过对变电站建筑及场地进行优化设计，在建筑屋顶布置光伏设备，采用植物油变压器、环保气体 GIS 等设备，实现变电站的碳减排。现基于第二节分析结果，对各类节能减碳方案进行估算。

相关研究表明，通过将建筑及场地进行优化设计，实现建筑平面紧凑布局，可减少一定钢材、水泥等原料的使用，可减少碳排放量约 1.6%。

变压器采用植物油相比传统矿物油使用寿命更长，且其 28 天的生物降解性大于 94%，可以实现碳平衡，全寿命周期碳排放植物油比矿物油少 2%，全寿命周期内变压器液体导致的温室气体为矿物油的 1.8%，对整体环境的影响是矿物油的 1/4。因此，采用植物油变压器综合考虑可减少碳排放量约 0.9%。

采用环保气体 GIS 解决了变电站内传统 SF_6 气体开关因气体泄漏导致的碳排放问题。按照 0.5% 的泄漏率保守估算，采用环保气体 GIS 设备可减少碳排放量约 27.3%。

现假设在标准条件下，在北京地区进行设计建造变电站屋顶光伏建筑，并进行碳减排的粗略估算。根据 GB50797-2012 中第 6.6 条的规定，参考相关研究，预测得到近些年每年北京地区水平面总辐射量约为 1252kWh/m²，光伏最佳倾角为 36.66°。按照标准《光伏发电效率技术规范》GB/T39857-2021 要求，屋顶光伏通常采用晶硅类材料，而多晶硅光伏组件光伏板的综合效率系数不应低于 17%，故测算过程中取值 17%。国网公司输变电工程通用设计中的 500-A1-3 方案的建筑面积为 1033m²，计算可得光伏组件每年发电量为 274.1MWh，碳排放因子取 0.5810tCO₂/MWh，可得屋顶布置光伏设备，在 30 年的全生命周期内可减少变电站的碳排放为 4777.2t，约为总排放量的 1.8%。

（4）相关建议

1）加大科研力度，形成变电站碳排放评价体系，奠定绿色低碳变电站设计建造及评价基础。

深入变电站碳排放评价体系研究，为后续绿色低碳变电站设计建造及评价提供有力支撑。从生产、运输、施工、运维、拆除回收等阶段进行分析，围绕碳排放强度这一核心关键指标，向社会、环境的影响进行延伸拓展，开展定性评价分析；对变电站全生命周期的物料与能耗进行量化，结合变电站碳排放量和变电容量等因素，提出变电站碳排放定量评价指标，提出精细化评估方法。综合形成一套具备科学、系统、定性与定量相结合、可操作性强等综合特点的变电站碳排放评价体系，科学地指导绿色低碳变电站设计建设与推广。

2）降低变电站建造能耗，推动老旧设备更新，加大环保型设备投入使用力度，提升变电站高端化、智能化、绿色化水平。

现阶段，部分老旧材料、设备已不符合绿色低碳变电站设计建造理念，应积极推动更新改造工作。一是降低建造能耗，优化总平面布置，节约占地，采用绿色水泥、再生钢材等材料建造变电站，并在保持结构强度和功能性的基础上，通过优化设计减少材料量，践行绿色低碳理念；二是加快淘汰变电站落后产品设备，加大天然酯绝缘油变压器、压缩空气绝缘开关柜、屋顶光伏等低能耗、环保型变电站关键设备投入使用力度，促进绿色环保和节能减排；三是加强建造过程中的能源管理，采用绿色施工方法，使用环境友好的施工技术和高效节能的机械设备，减少施工过程中的能源消耗。

3）深入开展节能减排方案研究，提高降碳方案的经济性和可行性。

在变电站全生命周期内，采用环保气体 GIS 设备对变电站碳减排作用显著，而采用植物油变压器、建筑光伏系统的碳减排量占比有限。相关企业在加大国产化环保型设备投入使用力度的同时，应联合高校、厂家和科研院所，进一步推进低损耗变压器、低泄漏 GIS、建筑及场地优化设计、建筑光伏系统等节能减排方案的经济性和可行性研究。

4）推动绿色低碳变电站标准化行动，加强标准体系建设，助力实现"双碳"目标。

基于全生命周期理念，对现有变电站碎片化、分散化的建设标准进行全面梳理分析，构建一套完善的绿色低碳变电站建设标准体系，规范变电站工程绿色低碳全过程关键管控要点，指导绿色变电站的建设，促进变电站绿色可持续发展。一是从一般建筑、电气设备、技术支持和运维四个领域，进行深入的需求分析，以此为基础构建标准体系。二是结合标准体系建设需求，规划标准化重点行动，确保绿色低碳智能变电站标准体系建设有序推进。三是制定具体的绿色低碳智能变电站的设计规范、验收规范和评价规范，形成标准体系，填补标准体系在绿色低碳变电站设计和建设领域的空白。四是积极对标国际先进标准，加强国际标准合作，依据我国国情，逐步完善我国绿色低碳智能变电站标准体系，并开展全面标准化试点应用工作。

5）建立并完善政策与市场双轮驱动机制，引导推动绿色低碳变电站设计建设及评价。

发挥政策和市场在推动绿色低碳变电站设计建设及评价方面的关键引导作用。政府需要出台降碳经济激励政策和支持低碳建设的优惠政策，包括控制碳排放、鼓励可再生能源利用、提供补贴和税收优惠等措施，支持变电站低碳技术的研发和规模化应用，有效降低变电站建造及其运营过程中的碳排放。

6.2.4 高海拔条件下特高压绝缘配合分析及建议

（王健，展瑞琦，陈海焱，姜海博）

我国西部地区能源资源丰富但自然环境复杂，为有效开发并送出西部地区的能源，我国已在西部高海拔地区建成多个特高压交直流场站支撑能源送出，如海拔约 3500m 的甘孜 1000kV 变电站、3700m 的阿坝 1000kV 变电站、2400m 的新松换流站、2500m 的布拖换流站、2880m 的海南换流站等，后续其他工程的特高压交直流场站也在规划建设之中。完善高海拔地区特高压绝缘配合计算及修正方法，合理地设计换流站的空气间隙，既要避免间隙过小危害系统可靠性与人身安全，又要避免间隙过大造成设备成本与建设投资过高，对于电力系统的安全、经济运行具有重要意义。

（1）绝缘配合相关规程现状

截止到目前，国内外已对海拔 2000m 以下变电站的绝缘配合进行了较为深入的研究，并以规程的形式对设备绝缘水平和空气净距做出了规定。对交流变电站绝缘配合进行规定的规程包括：《交流电气装置的过电压保护和绝缘配合》DL/T 620-1997（现已作废）、《交流电气装置的过电压保护和绝缘配合设计规范》GB/T 50064-2014 、《绝缘配合 第 1 部分：定义、原则和规则》GB 311.1-2012 、《绝缘配合 第 2 部分：使用导则》GB/T 311.2-2013 和《1000kV 特高压交流输变电工程过电压和绝缘配合》GB/T 24842-2018 等。然而 DL/T 620 和 GB/T 50064 明确规定适用系统的交流标称电压范围分别为 3~500kV 和 6~750kV，而 GB 311 和 GB/T 24842 中给出的高海拔修正方法适用范围为海拔 2000m 以下，已不能覆盖工程建设需求。可见，对于海拔超过 2000m 地区特高压工程的外绝缘特性尚未取得全面、系统、统一的研究成果，因此必须对海拔 2000m 以上条件下的特高压工程的外绝缘特性开展深入的研究和论证。

此外，由于空气的绝缘强度会随着海拔的升高而降低，因此对于高海拔地区特高压换流站的空气间隙，需要进行海拔修正。以换流变作为分界点，其网侧交流系统的空气间隙海拔修正与交流变电站相同，即可利用《DL/T 620-1997 交流电气装置的过电压保护和绝缘配合》《GB/T 50064-2014 交流电气装置的过电压保护和绝缘配合设计规范》《DL/T 5352-2018 高压配电装置设计规范》等规程给出的海拔修正方法进行计算，也可参考以往高海拔地区交流变电站的设计经验。但对于换流变阀侧部分的空气间隙海拔修正，可供参考的工程经验并不多且已建工程的取值相对保守，因此需要结合规程规范计算与真型试验结果进行取值。目前，涉及换流站绝缘配合海拔修正的现行规程包括：《GB/T 16927.1-2011 高电压试验技术第一部分：一般试验要求》《GB/T 311.3-2017 绝缘配合第 3 部分：高压直流换流站绝缘配合程序》和《GB/T 42001-2022 高压输变电工程外绝缘放电电压海拔校正方法》等。

（2）现有规程的高海拔地区特高压绝缘配合算法

1）特高压交流电气设备外绝缘水平算法

目前适用于特高压变电站的绝缘配合设计规程包括 GB 311 和 GB/T 24842，两者提出的方法基本相同，包括四个步骤：确定代表性过电压 U_{rp}、确定配合耐受电压 U_{cw}、确定要求耐受电压 U_{rw}、选取标准绝缘水平 U_w。

2）特高压变电站空气净距算法

在确定电气设备绝缘水平的同时，还需要计算空气间隙的绝缘水平以确定空气净距，GB 311 和 GB/T 24842 均给出了特高压变电站空气净距的计算方法，两种算法均包括以下三个步骤：确定站内相地及相间的 50% 放电电压 U_{50}、计算海拔修正因数、根据 50% 放电电压 U_{50} 计算空气间隙。

3）特高压换流站空气间隙的海拔算法

GB/T 16927.1-2011 给出的是 g 参数法，该方法综合考虑温度、湿度等多种影响因素，其修正系数 K_t 定义为：

$$K_1 = k_1 k_2 \tag{1}$$

式中，k_1 为大气密度修正系数，k_2 为湿度修正系数。

GB/T 311.3-2017 的海拔修正方法引自 IEC 标准《Insulation coordination – Part 2: Application guidelines (IEC 60071-2-2018)》，该方法认为，随着海拔的变化空气湿度和周围温度的变化对空气间隙绝缘强度的影响通常会相互抵消，因此仅考虑空气密度的影响。其修正公式为：

$$K_a = e^{q\frac{H}{8150}} \quad (2)$$

GB/T 42001-2022 给出的换流站空气间隙海拔修正公式如下:

$$K_a = \frac{1}{1.0 - mH \times 10^{-4}} \quad (3)$$

对于直流工作电压、直流操作冲击电压、雷电冲击电压,海拔校正因子 m 存在不同取值。

（3）局限性分析

目前的绝缘配合规程应用于高海拔地区特高压场景时存在诸多不适用的地方,主要体现在:

1）设备外绝缘的局限性

对于设备外绝缘,除了海拔修正存在困难之外,现有的标准绝缘水平序列也不足以满足设备外绝缘的选取,标准额定短时工频耐受电压序列最大值为 1200kV,标准额定冲击耐受电压序列最大值为 3100kV,存在超出现有范围的情况。

2）空气间隙计算的局限性

计算空气间隙的方法包括回归公式法和查询曲线法。对于前者,间隙因数 K 的取值对空气间隙计算结果影响很大,K 值存在不全或缺乏取值依据的问题。对于后者,放电电压与空气间隙间曲线关系的准确性至关重要,存在超出可供查询的曲线范围,即无法准确计算空气间隙。

3）海拔修正的局限性

在计算操作过电压的海拔修正因数时,需要根据参考图选取指数 q,但是图中曲线所示范围有限,即面临取值超出曲线所示范围的问题。

对于相对地绝缘,可以取值的范围约为 0~2050kV,转化为代表性过电压为 0~1.99 p.u.;对于相间绝缘,可以取值的范围约为 0~2450kV,转化为代表性过电压为 0~2.37 p.u.,超出这一范围即无法取值,对超出曲线所示范围采取按趋势估值的方法,缺乏理论基础。

（4）问题总结

通过以上的分析梳理可知,目前对于高海拔地区特高压变电站绝缘配合算法的流程比较清晰:

1）步骤一:通过 EMTP 仿真获取相对地和相间统计操作冲击过电压和统计雷电冲击过电压,综合考虑避雷器残压、控保系统阈值等选取代表性过电压;

2）步骤二:将代表性过电压代入第 1 节和第 2 节的相应公式,分别得到设备绝缘的要求耐受电压和空气间隙的 50% 放电电压;

3）步骤三:对设备绝缘的要求耐受电压和空气间隙的 50% 放电电压进行高海拔修正;

4）步骤四:对于修正后的设备绝缘要求耐受电压,查询标准耐受电压序列选择额定耐受电压;对于修正后的空气间隙 50% 放电电压,利用回归公式法或曲线查询法确定最小空气间隙。

目前的主要问题在于：

1）缺乏 2000m 以上区域的高海拔地区放电试验及与低海拔地区放电对比试验的试验数据，因此步骤三中的高海拔修正方法的准确性存疑；与试验推荐值相比，步骤四中回归公式法的准确性较差。

2）步骤四中可用于查询的放电曲线范围不够，若按照现有曲线的趋势往外延长进行取值，所得结果与试验推荐值差异较大现有的标准设备外绝缘电压序列不满足高海拔地区特高压设备的选择。

3）特高压换流站的空气间隙海拔修正计算中，GB/T 311.3 的海拔修正方法最保守，而对于 3700m 以下海拔的区域，GB/T 42001 比 GB/T 16927.1 的海拔修正方法更保守。对于 2500m 的海拔，GB/T 311.3 的修正结果过于保守，GB/T 42001 的结果略保守而 GB/T 16927.1 的结果比较准确，从可靠性的角度出发，可综合考虑后两者的结果取值。

（5）下一步建议

为解决上述问题，我们建议未来进一步开展以下几方面工作：

1）在高海拔地区和低海拔地区分别进行绝缘放电试验，得到更广泛的放电电压与海拔间函数关系或曲线；

2）进行更高电压等级的绝缘放电试验，得到更高电压水平下各种结构间隙的放电函数或曲线；

3）增加电气设备的标准耐受电压序列，制定统一的特高压设备绝缘水平选取标准。

4）开展更高海拔和更高电压等级的真型试验，补充足够的试验数据来验证三种海拔修正方法的准确性。

通过增加试验和指定标准等措施，完善高海拔地区特高压绝缘配合计算及修正方法，有利于合理地选取设备绝缘水平与空气净距，将使工程建设更经济、电力系统更稳定、运行检修更安全。

6.2.5　新质生产力背景下能源行业电网设计标准化高质量发展研究

（张天龙，杨靖波，陈海焱，李永双，黄淳）

2023 年下半年，习近平总书记在黑龙江等地考察调研期间首次提到"新质生产力"，指出"整合科技创新资源，引领发展战略性新兴产业和未来产业，加快形成新质生产力"。2023 年 12 月中央经济工作会议强调以科技创新引领现代化产业体系建设，特别是以颠覆性技术和前沿技术催生新产业、新模式、新动能，发展新质生产力。2024 年 3 月《政府工作报告》将"大力推进现代化产业体系建设，加快发展新质生产力"列为 2024 年十项重点工作任务之首。2024 年 7 月党的二十届三中全会正式通过《中共中央关于进一步全面深化改革、推进中国式现代化的决定》，提出健全因地制宜发展新质生产力体制机制。习近平总书记关于新质生产力的重要论述，丰富发展了马克思主义生产力理论，深化了对生产力发展规律的认识，为开辟发展新领域新赛道、塑造发展新动能新优势提供了科学指引。加快发展新质生产力，是新时代新征程解放和发展生产力的客观要求，是推动生产力迭代升级、实现中国式现代化的必然选择。

电网是融通能源电力生产与消费的桥梁和纽带，是关乎国家发展命脉和民生福祉的关键能源基础设施，是须臾不可忽视的"国之大者"。新时代电网行业的高质量发展离不开新质生产力，新质生产力培育和壮大也离不开能源电力的有力支撑。发展新质生产力，必将带来技术的革命性突破、生产要素的创新性配置、产业的深度转型升级，使电网行业面临全新的发展机遇和挑战。当然，新质生产力的发展不是一蹴而就的，从萌芽到成形，从成势到壮大，必然要经历反复探索和多方实践。标准化是现代工业文明的重要特征，是经济活动和社会发展的技术支撑，是国家基础性制度的重要方面。为了保证新质生产力的发展健康有序高效，同时引领传统产业持续优化转型升级，需要大力推进高水平的标准化工作——这一观点已然逐渐成为社会各界的共识。

本文阐述了新质生产力与标准化的相互作用关系，并以能源行业电网设计领域的标准化工作为切入点，解剖麻雀式地研究了新质生产力背景下电网行业及其设计标准体系发展的新要求、新动向，提出了标准化高质量发展的建议。

（1）新质生产力与标准化的相互作用关系

1）新质生产力的内涵与特征

新质生产力是创新起主导作用，摆脱传统经济增长方式、生产力发展路径，具有高科技、高效能、高质量特征，符合新发展理念的先进生产力质态。它由技术革命性突破、生产要素创新性配置、产业深度转型升级而催生，以劳动者、劳动资料、劳动对象及其优化组合的跃升为基本内涵，以全要素生产率大幅提升为核心标志，特点是创新，关键在质优，本质是先进生产力。

新质生产力的显著特点是创新，既包括技术和业态模式层面的创新，也包括管理和制度层面的创新。①科技创新能够催生新产业、新模式、新动能，是发展新质生产力的核心要素。这就要求我们加强科技创新特别是原创性、颠覆性科技创新，加快实现高水平科技自立自强。②产业创新包括改造提升传统产业，培育壮大新兴产业，布局建设未来产业，完善现代化产业体系等。要提升产业链供应链韧性和安全水平，保证产业体系自主可控、安全可靠。③发展方式创新。绿色发展是高质量发展的底色，新质生产力本身就是绿色生产力。要牢固树立和践行绿水青山就是金山银山的理念，坚定不移走生态优先、绿色发展之路，助力碳达峰碳中和。④体制机制创新。发展新质生产力，必须进一步全面深化改革，形成与之相适应的新型生产关系。因此，要深化经济体制、科技体制改革、人才工作机制创新，着力打通束缚新质生产力发展的堵点卡点，让劳动、资本、土地、知识、技术、管理、数据等各类生产要素向发展新质生产力顺畅流动。同时，要扩大高水平对外开放，为发展新质生产力营造良好国际环境。

新质生产力由创新、协调、绿色、开放、共享的新发展理念引领，代表生产力前进方向，是对马克思主义生产力理论的创新发展，具有重大理论和实践意义。发展新质生产力是推动高质量发展的内在要求和重要着力点，是推进中国式现代化的重大战略举措，是一项长期任务和系统工程，必将对我国经济社会发展将产生深远影响。

2）标准化 / 标准的概念和功能

标准化是为了在既定范围内获得最佳秩序，促进共同效益，对现实问题或潜在问题确立共同使用和重复使用的条款以及编制、发布和应用文件的活动。标准化工作的任务是制定标准、组织实施标准以及对标准的制定、实施进行监督。标准化是现代工业文明的重要特征。标准化工作涉及经济社会发展的方方面面，是提升产品和服务质量，建设质量大国，提高经济社会发展水平，支撑中国经济社会转型升级的杠杆和基础。

标准是通过标准化活动，按照规定的程序经协商一致制定，为各种活动或其结果提供规则、指南或特性，供共同使用和重复使用的文件。标准是标准化活动的结果，其产生的基础是科学研究和技术进步的成果，是实践经验的总结，具有民主性、权威性、系统性和科学性。

标准是国家的质量基础设施，在推动供给侧改革和质量的提升，促进社会经济高质量发展中发挥着引领性、支撑性的作用。《国家标准化发展纲要》明确指出，标准是经济活动和社会发展的技术支撑，是国家基础性制度的重要方面。标准也是促进技术进步、促进创新成果转化的桥梁和纽带，标准能加快市场化和产业化步伐，引领新业态、新模式发展壮大。新时代推动高质量发展、全面建设社会主义现代化国家，迫切需要进一步加强标准化工作。

3）新质生产力与标准化的交互作用

新质生产力代表了技术创新和进步的成果，它推动着社会生产方式的变革和经济发展。而标准化则是将这些技术创新和进步进行规范和统一的过程，以确保新技术的推广和应用能够在统一的标准下进行，从而实现最佳的生产效率和效益。标准化为新质生产力的进一步发展提供了支撑和保障。通过制定和实施标准，可以确保新技术的质量和安全性能，消除技术上的混乱和差异，促进技术之间的兼容性和互操作性。使新技术或新产品能最大限度地得到原技术体系及标准的支持，这有助于降低新技术的推广难度和成本，加速其在实际生产中的应用和普及。此外，标准化还能够促进新质生产力的国际交流与合作。通过遵循国际标准和参与国际标准化活动，可以促进不同国家和地区之间的技术交流和合作，共同推动技术创新和进步。这有助于打破技术壁垒，推动全球范围内的经济发展和技术创新。

标准化也可能对新质生产力的发展产生一定的制约作用。如果科技创新成果向标准转化不够，标准支撑关键技术应用的后劲就不足。如果标准化进程过于缓慢或过于僵化，可能会限制新技术的创新和应用。另外，标准化在整合区域内部资源、融合信息技术加速市场要素流动和优化方面，起着至关重要的作用。标准化一旦滞后，会降低技术和服务的一致性和可预测性，不利于统一开放、竞争有序的大市场建设，不利于资源和产业的优化配置，制约新质生产力发展。因此，标准是联结科技创新和产业化推广的桥梁，在制定和实施标准时，需要充分考虑新技术的特点和发展需求，确保标准化工作能够与新质生产力的发展相协调、相促进。

综上所述，新质生产力和标准化之间存在着复杂和密切的耦合协同关系：标准化为新质生产力的发展提供了规范和保障，而新质生产力的发展又推动着标准化的不断完善和创新。从系统论的角度来看，只有平衡好技术创新与标准化之间的关系，使之内外部各要素相互协调、相互合作、资源交换共享，才能使经济系统更为稳定有序，提升整体功能和效益。因此，在推动经济社会发展的过程中，应充分发挥标准化的作用，促进新质生产力发展。

（2）我国能源行业电网设计标准体系沿革

标准体系指的是一定范围内的标准按其内在联系形成的科学的有机整体。标准体系既是一个有效知识体系，也是一个规则体系。构建标准体系是运用系统论指导标准化工作的一种方法。我国能源行业向来十分重视电网领域的标准体系建设。

1）电网设计标准体系形成的历史脉络

设计是工程建设的"龙头"。我国电网设计标准化工作最早可追溯至 20 世纪 50 年代，通过学习苏联设计资料和工程实践逐渐起步。经过多年实践，以《架空送电线路设计技术规程》和《变电所设计技术规程》为代表的电网设计标准的多次修订完善，到 80 年代初步形成了一套符合中国国情的设计规程、规范、标准设计。随着工程技术水平不断提高，电网设计领域许多新的标准陆续诞生，成体系化的标准化工作成为行业高速发展的内在需求。

自从首版《标准体系表编制原则和要求》（GB/T 13016）发布实施以后，为了系统化地管理电力勘测设计标准化工作，建立健全标准体系，使技术标准全面配套、构成合理，电力规划设计总院自 1994 年起即组织编制了《电力勘察设计技术标准体系表》（DLGJ 120-1994）。2005 年，根据"十一五"期间电力勘测设计标准化工作的重点任务、重点领域、重点技术及重点项目，电力规划设计总院组织专家完成了《电力勘测设计技术标准体系》的修订，对指导当时的电力设计标准化工作起到了重要的作用。

2009 年，国家能源局下发了《能源领域行业标准化管理办法》《能源领域行业标准制定管理实施细则》《能源领域行业标准化技术委员会管理实施细则》等管理标准，明确了行业标准化管理的机构设置和行业标准化管理的各项工作流程。能源行业电网设计标准化技术委员会正式成立，主管电网设计标准化方面的工作。自 2013 年以后，为适应电力体制的变化和电力工业技术的发展，能源行业电网设计标准化技术委员会每年度会根据国家能源局公告、行业标准制（修）订计划和标委会年会会议纪要对体系表进行动态管理并及时更新发布，有力地发挥了标准化工作在我国电网工程建设中的作用。

2017 年我国颁布了新修订的《中华人民共和国标准化法》，为标准化工作打下了坚实的法律基础。2021 年中共中央、国务院印发《国家标准化发展纲要》，对促进标准化改革创新发展具有里程碑意义。近年来，在这些顶层设计文件的引领下，能源行业电网设计标准化委员会开展了大量扎实有效的工作，标准化管理水平进一步提高，标准体系持续优化与行业发展同频共振，取得了丰硕的成果。

2）电网设计标准体系现状与发展动向

经过多年的工程建设、技术标准化实践，我国能源行业电网设计已形成涵盖电网综合、线路、变电、配电、勘测百余项标准的较为成熟的标准体系，形成并长期保持着注重科学性、体现时代性、强调针对性、突出实用性的标准立项和编制风格。

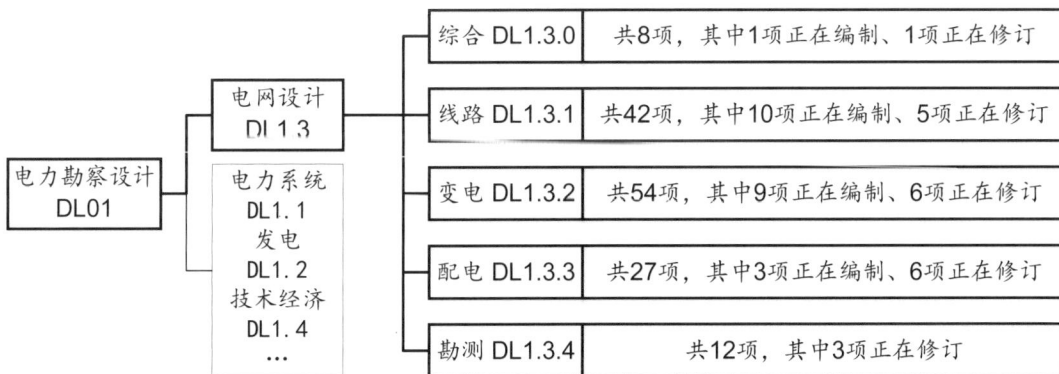

能源行业电网设计标准体系结构图

近年来，电网设计标准体系持续优化完善，主要发展动向总结如下：

①电网综合类标准。输变电工程应用三维设计可以提高设计质量和效率、节省时间和资源、减少错误和风险、提升设计创意与专业协作能力。为了规范电网工程三维设计，推动三维设计技术在工程建设中深化应用，制定了《输变电工程三维设计技术导则》NB/T 11197-2023、《输变电工程三维设计模型交互及建模规范》NB/T 11198-2023 和《输变电工程三维设计模型分类与编码规则》NB/T 11199-2023。自然灾害是造成电网事故的重要原因，我国是世界上自然灾害最为严重的国家之一，灾害种类多、分布地域广、发生频率高，为了保障电网安全运行，调研总结了电网工程防灾减灾的设计经验，组织编制了《输变电工程防灾减灾设计规程》DL/T 5630-2021，正在编制《输变电工程水土保持设计技术规定》《架空输电线路边坡设计技术规程》。

②线路类标准。线路工程建设标准在形式上逐渐摒弃以前按电压等级、线路型式、结构型式等过于细密的划分方法，逐渐按照架空线路设计的对象、内容等分类优化整合，构建形成"大标准体系"。在内容上统筹继承与发展，兼顾技术与经济；在设计理念和工程计算方法上，物理意义更为明晰。目前架空线路类的核心设计标准主要有：《架空输电线路电气设计规程》DL/T 5582-2020、《架空输电线路荷载规范》DL/T 5551-2018、《架空输电线路杆塔结构设计技术规程》DL/T 5486-2020、《架空输电线路基础设计规程》DL/T 5219-2023。另外为适应电网技术及绿色

低碳发展要求，编制了《城市电力电缆线路设计技术规定》DL/T 5221-2016，正在编制《气体绝缘金属封闭输电线路设计规程》等。

③变电类标准。变电工程近年来技术发展日新月异，在标准化方面展现出体系完备、百花齐放的状态。在柔性直流输电方面，制定了《±800kV 柔性直流换流站设计规程》NB/T 11164-2023、《海上柔性直流换流站设计规程》NB/T 11403-2023，正在编制《柔性直流换流站电气设备选型设计规程》；新型交流输电方面，制定了《统一潮流控制器（UPFC）工程设计规程》，正在编制《柔性低频输电系统换频站设计规程》；为拓展变电工程在高海拔地区、大型城市中心等新的应用场景，制定了《高海拔变电站设计技术规程》NB/T 11513-2024，正在编制《附建式变电站设计规程》；为进一步丰富和规范变电二次系统创新成果，制定了《变电站辅助控制系统设计规程》NB/T 11315-2023、《智能变电站监控系统设计规程》DL/T 5625-2021，正在编制《变电站并联直流电源系统设计规程》；建筑与结构方面，正在加紧梳理整合变电站、换流站的建筑结构设计技术规定，把脉行业发展需求，正在编制《变电工程装配式建筑设计规程》《变电工程结构鉴定及加固设计技术规程》。

④配电类标准。配电网方面，新兴技术类标准主要有：《35kV 及以下交流超导电力电缆线路设计规程》NB/T 11514-2024，正在编制《直流配电站设计规程》《配电网预装式变电站设计规程》《快速开关型消弧选线设计规程》；体系优化方面，正在加紧整合 20kV 配电设计技术规定。

⑤勘测类标准。近年来主要为了适应技术发展需要，重点修订《架空输电线路大跨越工程勘测技术规程》DL/T 5049-2016、《特高压输变电工程环境影响评价内容深度规定》DL/T 5543-2018、《配电网数字化勘测设计和移交数据交换标准》DL/T 5618-2021。

⑥外文翻译标准。外文翻译标准在消除技术壁垒、增进国际合作等方面发挥着重要作用。近年来，在能源行业电网设计标委会的倡导下，一些代表性的电网设计标准陆续翻译成英文，如《220kV ~ 750kV 变电站设计技术规程》DL/T 5218-2012、《高压直流架空输电线路设计技术规程》DL 5497-2015。目前已发布 5 项、待发布 3 项、正在翻译 5 项。

（3）新质生产力背景下电网发展的新趋势

习近平总书记先后在 2021 年 3 月中央财经委员会第九次会议和 2023 年 7 月中央全面深化改革委员会第二次会议上就构建新型电力系统作出重要指示。党中央、国务院在《关于深化电力体制改革加快构建新型电力系统的意见》中，对加快推进新型电力系统建设作出部署。当前，我国建设新型能源体系的中心环节就是构建清洁低碳、安全充裕、经济高效、供需协同、灵活智能的新型电力系统。新型电力系统是以确保能源电力安全为基本前提，以满足经济社会高质量发展的电力需求为首要目标，以高比例新能源供给消纳体系建设为主线任务，以"源网荷储"多向协同、灵活互动为坚强支撑，以坚强、智能、柔性电网为枢纽平台，以技术创新和体制机制创新为基础保障的新时代电力系统，是能源电力领域新质生产力的典型代表。

新形势新要求下，电网高质量发展机遇和挑战并存，其生产结构、运行机理、功能形态等都将面临深刻变革。相应地，标准化工作也应当与时俱进，与新型电力系统的发展形成良好互动、同频共振。标准立项的重点方向，需要切实符合电网技术发展的新需求：

①为了保证电网安全稳定，需要构建稳定技术支撑体系；提升新能源、电动汽车充电基础设施、新型储能等新型主体涉网性能；推进构网型主动支撑技术应用；优化加强电网主网架，补齐结构短板；完善电能质量管理。因此，可以根据需要构建一系列电网安全稳定的技术标准、各类新型主体的并网检测以及与电网友好交互技术标准、构网型技术和设备的相关标准、电能质量治理新技术和新设备的相关标准，修订完善原有的网架规划设计标准、电能质量检测和管理标准等。

②为了实现大规模高比例新能源消纳，需要提升电网调节能力，探索大型新能源基地特高压外送新技术。因此，可以适时构建大容量特高压柔性直流输电技术、超高海拔地区电网设计技术、高比例新能源电网的调控技术、嵌入式直流技术、海上风电低频送出技术、海上风电直流汇集技术等前沿技术的相关标准。

③为了实现配电网的高质量发展，需要持续提升其供电能力、抗灾能力、新能源和新业态的承载能力。因此，可以根据需要构建核心区域和重要用户供电保障标准、配电网防灾减灾抗灾标准、配电网交直流柔性互联技术相关标准等。

④为了将电网打造为"源网荷储"资源高效配置的平台，需要因地制宜探索发展智能微电网技术、车网融合互动技术、虚拟电厂技术、算力与电力协同技术、能源互联网技术等。因此，可以根据需要制定上述新技术相关标准，持续完善信息安全相关标准。

⑤为了及时淘汰老旧设备设施提升电网发展硬实力，应积极响应国家号召，利用超长期特别国债资金，推动输变电设备更新和改造升级，促进电网基础设施朝着性能更优、智能灵活、环境友好的方向发展。因此，可以根据需要构建用于解决换相失败问题的常规直流换流站可控换相技术改造或柔性化改造技术标准、应用绿色环保绝缘介质电气设备的相关设计标准、应用数字化技术赋能电网发展的相关技术标准等。

培育新质生产力要靠高标准来引领。建设新型能源体系、构建新型电力系统，离不开高水平标准化工作的支撑。有序推进能源行业电网设计标准化向深度和广度发展，形成系统完备、科学规范、协同创新的电网设计标准体系，助力构建新型电力系统、推动新质生产力发展乃是应有之义。

（4）能源行业电网设计标准化高质量发展建议

所谓高质量发展，既重视质的有效提升，又重视量的合理增长。在积极推动发展新质生产力的大背景下，标准化工作任重而道远。只有突出标准顶层设计、强化标准有效供给、注重标准实施效益、统筹推进国内国际，持续健全标准体系，才能真正让电网新质生产力焕发强大动能。在此，提出能源行业电网设计标准化高质量发展建议如下：

1）建设新兴交叉领域标准化统筹协调交流机制。发展新质生产力需要广泛而活跃的科技创新。新兴交叉领域往往成为科技创新的重要"策源地"，需要得到特别重视。例如，能源互联网是能源与互联网深度融合的能源产业发展的新形态；电－氢耦合技术是通过电网将电能和氢能高度耦合相互转化以实现低碳电力系统的新技术。这类交叉融合发展的新兴领域涉及面较广，其标准化工作十分复杂。在标准化领域也要充分发挥新型举国体制优势，要建立有权威性的统筹和沟通协调机制，对跨部门、跨领域的新技术、新业态的标准制定要有科学合理的安排。尝试探索"标准化联合体"等平台化组织模式，将其作为新质生产力背景下开放、共享、协同的标准化创新工作机制。

2）密切跟踪前沿技术动态加强标准化项目储备。当今世界科技创新范式随着人类生产力的进步、日趋激烈的大国竞争而不断演变，基础性、原创性、颠覆性技术竞相涌现，新一轮科技革命和产业变革正处于蓄势跃迁、快速迭代的关键阶段。标准化要适应新质生产力的发展，必须与时俱进，有前瞻性、引领性的工作布局。要聚焦新型能源体系建设的战略需要，密切跟踪前沿技术动态，紧盯产业发展趋势，加强标准化项目储备力度和广度，在关键领域适度超前谋划研制相关标准，也可发掘优质的团体标准适时向行业标准转化，发挥标准化在创新成果产业化、规范化、规模化、市场化过程中的基础性和引领性作用。

3）稳中求进持续推动新质生产力标准体系优化。传统和现代、新和旧都是相对的，也是辩证的。新质生产力，强调的是质态，而非简单的业态。发展新质生产力，不是盲目求新、以新汰旧。传统的成熟的技术体系不一定是落后的，通过科技创新赋能、转型升级，同样也能够孕育新质生产力。因此，在标准化工作中，不能一味追求"增量"，也要守好"存量"。在新标准立项前要做好充分调研，紧密结合工程实践情况，科学合理研判标准化项目的潜力。要坚持系统观念，把握实事求是的原则，及时了解和梳理存量标准的情况，稳妥推进标准体系优化调整，做好现行标准体系及标准化管理机制与新型体系机制的衔接和过渡。

4）夯实新质生产力发展所需的标准化人才根基。人才是新质生产力发展的第一资源和关键因素。新质生产力背景下，能源行业电网设计领域的高素质标准化工作者需要同时满足：①熟悉标准化工作、具备标准化管理能力；②视野开阔、对行业技术发展格局有深刻认识；③精通电网工程技术、具备丰富实践经验；④具备科研与技术创新能力。这类复合型人才相对紧缺，需求较为迫切。要落实好国标委《标准化人才培养专项行动计划（2023—2025年）》文件精神，加强标准化人才"传帮带"培养机制建设，完善标准化教育选拔培训体系，优化标准化人才发展环境，统筹推进标准科研人才、标准化管理人才、标准国际化人才等各类标准化人才梯队建设，不断提高复合型标准化人才供给质效，保障标准化工作长期健康可持续发展。

5）坚持开放创新要做好中国标准的国际化工作。开放性是新质生产力的重要特征之一。中国的发展离不开世界，世界的繁荣也需要中国，营造具有全球竞争力的开放创新生态，可以充分吸引全球创新资源向我集聚、为我所用。因此，坚持开放创新是发展新质生产力的必然要求。标准化工作也要开放创新，不能闭门造车。要积极践行人类命运共同体理念，顺应和平发展合作共赢的时代潮流，进一步提升标准化对外开放水平，积极参与国际标准化活动，加强与"一带一路"国家在标准化领域的交流合作，大力宣传中国标准。